岩土工程新技术及工程应用丛书

# 远程遥控气压沉箱技术与应用

李耀良　王建华　周香莲　袁　芬　编著

中国建筑工业出版社

图书在版编目(CIP)数据

远程遥控气压沉箱技术与应用/李耀良等编著. —北京：中国建筑工业出版社，2010
 (岩土工程新技术及工程应用丛书)
 ISBN 978-7-112-11667-6

Ⅰ. 远… Ⅱ. 李… Ⅲ. 气压沉箱-研究 Ⅳ. TU473.2

中国版本图书馆 CIP 数据核字（2009）第 224608 号

本书在总结气压沉箱技术研究成果和工程经验的基础上编著而成，详细地论述了远程遥控气压沉箱技术的理论分析方法、设计方法、施工技术、现场监测和设备系统，并给出了工程实例。此外，附录部分给出了现代气压沉箱技术施工深基础的现场照片。本书介绍的设计内容、关键施工技术和核心设备，对于读者具有很高的参考价值。

本书可供从事地下工程设计、施工及管理人员应用与参考，也可作为高校师生的科研与教学参考书。

\* \* \*

责任编辑：王 梅 杨 允
责任设计：崔兰萍
责任校对：袁艳玲 关 健

岩土工程新技术及工程应用丛书
## 远程遥控气压沉箱技术与应用
李耀良 王建华 周香莲 袁 芬 编著
\*
中国建筑工业出版社出版、发行（北京西郊百万庄）
各地新华书店、建筑书店经销
北京红光制版公司制版
北京世界知识印刷厂印刷
\*

开本：787×1092 毫米 1/16 印张：12¾ 字数：318 千字
2010 年 1 月第一版 2010 年 1 月第一次印刷
定价：**39.00 元**
ISBN 978-7-112-11667-6
(18925)

版权所有 翻印必究
如有印装质量问题，可寄本社退换
（邮政编码 100037）

# 序

城市大深度大规模的地下空间建设往往面临复杂的周边环境，诸如密集建筑（历史建筑、保护建筑）群区、密集管线区及复杂的地下交通枢纽等敏感区域。常规施工方法的工程降水与开挖作业会引起周边土体的下沉和位移，给邻近建（构）筑物带来严重的影响，甚至造成工程事故。气压沉箱工法因其采用气压平衡水土压力、对周边环境影响小的技术优点，同时具有远低于基坑围护体所需插入深度的要求，有较好的经济效益，因而比较适应城市密集环境的地下工程建设。本书《远程遥控气压沉箱技术与应用》在总结该项技术的工程经验和研究成果的基础上而编著，其目的是为推广气压沉箱工法在工程中的应用。

本书结合近年来上海市基础工程有限公司采用气压沉箱工法进行的工程实践，对气压沉箱工法的原理、特点和国内外发展状况进行了较全面、系统的归纳和阐述。在理论分析方法方面，针对沉箱结构受力状况、沉箱下沉姿态控制、刃脚下土体的极限抵抗力等多方面的问题，系统地介绍了刃脚基础极限承载力、下沉稳定性等计算方法。在沉箱结构设计方面，重点解决强度、变形、稳定等安全问题。内容包括沉箱结构尺寸确定、结构内力变形分析、沉箱支承、压沉装置的设计。施工技术方面，重点介绍了现代气压沉箱工艺、沉箱结构制作和下沉、下沉稳定计算、下沉控制系统、气压下沉箱封底技术、高气压下的生命保障系统等方面的内容。在施工控制方面，主要解决了遥控沉箱液压挖机、远程遥控系统、液压升降出土皮带机、螺旋出土机、三维地貌显示系统和监视系统等问题。通过工程实例，详细介绍了采用气压沉箱工法进行深基础工程的理论分析、设计与工程实施，使读者对气压沉箱技术有全面的了解。

本书的作者都是活跃在地下工程领域的中青年科技骨干，本书《远程遥控气压沉箱技术与应用》汇集了他们多年在这一领域共同探索、努力实践和不断创新的成果。希望读者能从本书中得到启迪和借鉴，为共同推动气压沉箱工法在我国深基础工程的应用作出更大的贡献。

中国工程院院士　叶可明
2009.9.25

# 前　言

　　气压沉箱技术是修筑地下结构和深基础的工法，通过气压平衡水土压力进行下沉施工，与常规的施工方法相比，对周边环境影响小。1841年法国首次在煤矿竖井中应用了气压沉箱工法，1923年日本的Tashiro Shiraishi公司引入气压沉箱工法，我国于1894年在桥梁基础施工中引入了该技术。气压沉箱工法的原理是在沉箱下部预先构筑底板，形成一个工作室，向工作室内注入压缩空气，以气压平衡外界水土压力，并在高气压的环境下进行取土排土，箱体在本身自重以及上部荷载作用下下沉到指定深度，然后进行封底施工。与传统深基础施工工法相比，气压沉箱工法具有诸多优点。由于工作室气压可平衡底部水土压力，因此无需对土体进行降水或降承压水处理，同时气压的反压作用还起到抵抗基底隆起、防止流砂管涌的作用，从而达到有效控制地面沉降的目的。与传统的气压沉箱相比，现代化的气压沉箱技术可在地面上通过远程控制系统，在高气压的工作室内实现挖排土的无人机械自动化，体现了"以人为本、施工高效"的技术革新。该工法可用来施工桥梁深基础、城市地下工程、给排水工程、隧道工程、港口与海洋工程等。

　　全书的主要内容包括远程遥控气压沉箱技术的理论分析方法、设计方法、施工技术、现场监测、设备系统和工程实例。理论研究的重点是下沉阶段刃脚基础承载力、下沉稳定性及结构的位移和内力。针对沉箱结构受力状况、沉箱下沉姿态控制、刃脚下土体的极限抵抗力等多方面的问题，系统地介绍了刃脚基础极限承载力的理论分析法以及下沉稳定性的计算方法。在沉箱结构设计方面，重点解决强度、变形、稳定等安全问题。设计内容包括沉箱结构尺寸确定、结构内力变形分析、沉箱支承、压沉装置的设计和刃脚强度验算。施工技术重点研究现代气压沉箱工艺流程、沉箱结构制作技术、沉箱下沉受力、沉箱下沉施工技术、支承、压沉系统施工技术、沉箱封底施工技术、沉箱控制系统、高气压下的生命保障系统等方面的内容。现场监测包括沉箱施工期间的风险分析和监测要求。设备系统主要介绍气压沉箱遥控液压挖机及远程遥控系统、气压沉箱内的皮带出土运输机、物料塔及人员出入塔、螺旋出土机、三维地貌显示系统和监视系统等内容。以上海市轨道交通7号线浦江南浦站—浦江耀华站区间中间风井工程为工程实例，详细介绍了该工程的理论研究、设计计算、施工技术、施工设备和现场监测的内容。其设计内容、关键施工技术和核心设备，具有很高的实用价值。此外，附录部分施工现场照片将有助于读者增加对现代气压沉箱技术施工深基础工程的感性认识。

　　本书的编写得到相关人士的大力支持，中国工程院叶可明院士为本书作序，上海申通集团有限公司提供工程项目，陈锦剑、余振栋、袁振、赵岚、侯永茂、刘发前、王理想等同志参与了资料的整理和校对工作，在此谨致以诚挚的谢意！

　　由于作者的理论水平和实践经验有限，不妥之处在所难免，热诚希望读者和同行批评指正。

# 目　录

第一章　绪论 ································································· 1
　　第一节　气压沉箱工法的基本原理 ································· 1
　　第二节　气压沉箱工法的特点 ········································ 3
　　第三节　气压沉箱工法在国内外的发展状况 ···················· 3
第二章　气压沉箱的分析方法 ·········································· 7
　　第一节　沉箱刃脚基础地基极限承载力分析方法 ············· 7
　　第二节　下沉稳定性计算 ············································· 35
　　第三节　地震响应三维有限元分析 ································ 42
第三章　气压沉箱设计方法 ·············································· 43
　　第一节　总体设计 ······················································ 43
　　第二节　沉箱结构设计 ················································ 45
　　第三节　沉箱下沉计算与稳定验算 ································ 51
　　第四节　沉箱刃脚计算 ················································ 54
第四章　气压沉箱施工技术与管理 ··································· 58
　　第一节　概述 ···························································· 58
　　第二节　结构制作技术 ················································ 61
　　第三节　沉箱下沉受力分析 ·········································· 64
　　第四节　沉箱下沉施工技术 ·········································· 69
　　第五节　支承、压沉系统施工技术 ································ 72
　　第六节　设备安装及辅助设备的配备 ····························· 75
　　第七节　沉箱封底施工技术 ·········································· 78
　　第八节　施工过程控制 ················································ 80
　　第九节　气压沉箱施工的生命保障系统 ·························· 82
　　第十节　沉箱施工的管理 ············································· 87
第五章　沉箱施工过程的风险分析及监控 ························· 93
　　第一节　沉箱施工期间的风险分析 ································ 93
　　第二节　监控措施 ······················································ 94
第六章　施工设备及配套系统 ·········································· 99
　　第一节　气压沉箱的主要设备 ······································· 99
　　第二节　气压沉箱遥控液压挖机及远程控制系统 ············· 101
　　第三节　气压沉箱内的皮带出土运输机 ·························· 105
　　第四节　物料塔的研制 ················································ 106

  第五节 人员塔 ………………………………………………………… 108
  第六节 移动式减压舱 …………………………………………………… 110
  第七节 螺旋出土机 ……………………………………………………… 111
  第八节 地下（挖掘操作）监视系统 …………………………………… 112
  第九节 地下挖掘监听及广播音响系统 ………………………………… 114
  第十节 网络远程访问及控制系统 ……………………………………… 115
  第十一节 气压沉箱供排气系统 ………………………………………… 116
  第十二节 三维地貌显示系统 …………………………………………… 116
第七章 工程实例 ………………………………………………………………… 125
  第一节 工程概况 ………………………………………………………… 125
  第二节 工程地质、水文概况 …………………………………………… 126
  第三节 沉箱结构理论计算 ……………………………………………… 128
  第四节 沉箱结构设计 …………………………………………………… 146
  第五节 沉箱施工技术 …………………………………………………… 168
  第六节 施工监测及监测结果分析 ……………………………………… 175
附录 工程照片 …………………………………………………………………… 187
参考文献 …………………………………………………………………………… 195

# 第一章 绪 论

随着城市开发建设的不断深入,城市土地资源越来越稀缺,城市地下空间的开发将越来越成为未来城市发展的趋势和主流方向。在城市中心建筑物密集区开挖建设大深度地下空间,往往面临施工场地狭小、周围重要设施众多的情况。同时,地下施工在开挖时往往会引起地下水位的降低、周围地基的移动与下沉,严重时可能会引起周围地基的塌陷,给邻近地区带来比较严重的影响。另外,市区地铁、地下高速道路及竖井风井系统工程的施工往往受到各方面的限制。相比之下,气压沉箱工法在许多情况下能适应以上这些方面的需求,因而在工程中具有不可替代的竞争力及广泛的应用前景。

## 第一节 气压沉箱工法的基本原理

气压沉箱工法(Pneumatic Caisson Method)的一般原理是在沉箱下部预先构筑底板,在沉箱下部形成一个气密性高的钢筋混凝土结构工作室,向工作室内注入压力与刃口处地下水土压力相等的压缩空气,使在无水的环境下进行取土排土,箱体在本身自重以及上部荷载的作用下下沉到指定深度,然后进行封底施工。由于工作室内气压的气垫作用,可使沉箱平稳下沉;同时由于工作室气压可平衡底部水土压力,因此沉箱下沉过程中可防止基坑隆起,涌水涌砂现象,尤其是在含承压水层中施工时,工作室内气压可平衡水土压力,无需地面降水,从而可显著减轻施工对周边环境的影响。该工法可用来施工桥梁深基础工程、城市地下工程、给排水工程、隧道工程、港口与海洋工程等。气压沉箱原理如图1-1所示。

其施工工艺与步骤可简略如图1-2～图1-6描述如下:

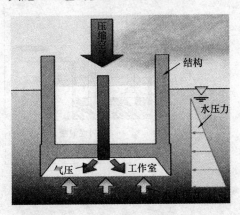

图1-1 气压沉箱原理

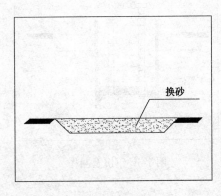

图1-2 场地平整

(1) 场地平整

沉箱地基场地平整,并保持场地有适当的承载力,见图1-2。

(2) 作业室的构筑

沉箱下部设置一个作业空间,从这里进行土体的开挖、运输作业。作业室中施加与地下水土压力相当的空气压力,使作业室处于干燥状态,见图1-3。

(3) 运输出入口的设置

人员进出作业室或土体从作业室排出,需要一个圆形的钢制竖井,该竖井分为人员塔及物料塔两种,见图1-4。

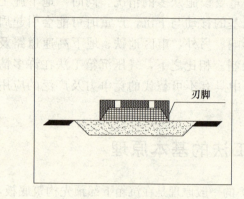

图1-3 作业室构筑

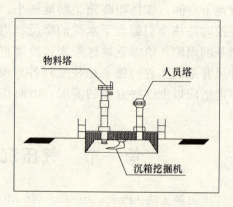

图1-4 运输出入口设置

(4) 下沉井挖与沉箱体的浇筑

沉箱体通常分段浇筑,每段浇筑约4m高的块体;其顺序为浇筑→开挖→浇筑循环进行,直到箱体达到指定深度为止,见图1-5。

(5) 基底混凝土的浇筑与人员塔、物料塔的拆除

当气压沉箱稳定后,拆除作业室内的设备,在其中浇筑封底混凝土,并拆除人员塔及物料塔,见图1-6。

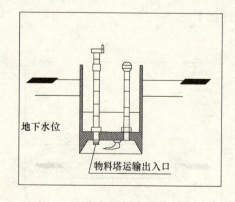

图1-5 下沉及制作

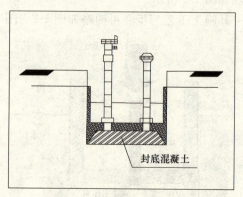

图1-6 基底混凝土浇筑

## 第二节　气压沉箱工法的特点

与传统工法相比，气压沉箱工法在深基础（深基坑）等地下建（构）筑物施工中具有诸多的独特优点：

（1）气压沉箱的侧壁可以兼作挡土结构，与地下连续墙明挖法相比，工程量减少而结构刚度大。而且，气压沉箱工法减少了临时设施用地，可以充分利用狭小的施工空间资源。

（2）由于连续地向沉箱底部的工作室内注入与地下水土压力相等的压缩空气，因而可以避免坑底隆起和流砂管涌现象，从而控制周围地基的沉降。

（3）现代化的气压沉箱技术可以在地面上通过远程控制系统，在无水的地下作业室内实现挖排土的无人机械自动化，不会产生污水等工业垃圾，排除的土体也可以作为普通土进行处理。

（4）相比沉井施工，可以较快地处理地下障碍物，使工程能顺利进行。沉箱顶板封闭后，在下沉的同时可继续在顶板上往上施工内部结构，不像沉井那样过多受地基承载力的限制。

（5）在市区狭小的地段往往地形复杂，在这种情况下可采用平面形状不规则的气压沉箱进行施工。

（6）工作室内的压缩空气起到了气垫作用，可以消除急剧下沉的危险情况，同时容易纠偏和控制下沉速度及防止超沉，保证了安全和施工质量。

（7）气压沉箱利用气压平衡箱底水土压力，作业空间处于无水状态，其优点是不需要进行降水和降压处理。

（8）由于沉箱以气压平衡水土压力，相比一般的板式围护体系如地下连续墙、排桩等可以显著减少插入深度，并能有效起到反压作用，对控制承压水破坏有利，具有可观的性价比。

（9）适用于各种地质条件，诸如黏土、砂性土和碎（卵）石，风化岩等地质条件。

（10）当气压沉箱采用自动化、信息化等高新技术后，将使得地下空间的开发利用可以向大深度、大面积的方向发展，适应经济建设和社会发展的需求。

（11）沉箱基础建（构）筑物的抗震性能远优于桩、板式结构和沉井基础。根据对1995年日本阪神大地震调查发现，大多数桩基础建（构）筑物均遭致命性损坏，而用气压沉箱工法施工的沉箱基础建（构）筑物均未受到致命性损坏。

## 第三节　气压沉箱工法在国内外的发展状况

### 一、国外发展状况

气压沉箱工法最早诞生在法国，1841年该国的一个煤矿竖井建设中应用了压气方法，使其下沉到水下20m。1851年在英国罗彻斯特修建铁道桥梁基础是采用气压沉箱工法最早的结构物基础。之后气压沉箱工法在欧洲、北美得到了迅速推广和应用，如 1869~1872 年间，美国纽约修建的连接纽约与布鲁克林的布鲁克林桥（Brooklyn Bridge）基础，1885 年在法国巴黎修建的埃菲尔铁塔（Eiffel Tower）的基础，以及 1901 年在美国纽约中心的曼哈顿修建的摩天大楼（Skyscraper）的基础等都是利用气压沉箱工法修建的。

早期的沉箱多用钢铁制造，以后又相继出现其他材料的沉箱，如钢筋混凝土沉箱等。特大型的沉箱应推 1878~1880 年法国土伦干船坞钢沉箱，其平面为 41m×144m。下沉最深的沉箱为 1955 年位于密西西比河上、跨度 655m 的管道悬索桥，因采用了沉箱周围打深井抽水以降低地下水位的措施，使刃脚下工作最低处在静水位以下达 44m。

1923 年，气压沉箱工法被日本的 Tashiro Shiraishi 公司（SHIRAISHI 基础工程有限公司）引入日本后，首次用以建设跨越 Sumidagawa 河的 Eitai，kiyosu，kuramae，kototoi 等大桥的基础。1971 年，Hanshin Superhighway 公司在对 Ohhashi 大桥的沉箱基础进行施工时，首次把铁铲应用于带有移动式重动机的沉箱施工工艺中。1981 年，日本的 Highway Public 公司首次采用压缩空气密封仓和无人工作法承建了 Meiko Nishi 大桥第一阶段的基础工程。1988 年，日本的 Tokyo Electric Power 公司采用一种被称为第四代的自动沉箱工法承建了一项建筑工程，这项工程首次使用了用以隔离空气的管道。1990 年，日本首都高速道路的彩虹大桥的四个主塔和停泊点的沉箱基础都是用气压沉箱工法得以顺利完成的，其中抛锚沉箱是世界上最大的一个，其底面积达到 3157m² （70.1m×45.1m）。1995 年，日本的 Highway Public 公司采用无人工作法和大深度气压沉箱工法承建了 Meiko Nishi 大桥第二阶段的基础工程，沉箱下沉深度达到 TP－40m。目前日本已经掌握了非常成熟的大深度基础施工技术。日本部分使用气压沉箱基础施工情况如表 1-1 所示。

日本部分气压沉箱基础施工情况　　　　　　　　表 1-1

| 编号 | 工程名称 | 平面尺寸 (m) | 下沉深度 (m) | 挖掘方式 | 竣工年月 |
| --- | --- | --- | --- | --- | --- |
| 1 | 安治川大水门中央基础 | 24.0×12.0 | 51.50 | 有人机械 | 1969.05 |
| 2 | 扇岛高炉基础 | 31.15×31.15 | 56.30 | 有人机械 | 1975.09 |
| 3 | 葛饰拱桥主塔基础 | φ24.1 | 56.15 | 有人机械 | 1983.11 |
| 4 | 千叶导水路立坑 | 20.4×14.1 | 49.37 | 有人机械 | 1985.05 |
| 5 | 营团地铁 8 号线辰巳车站 | 16.8×28.6 | 26.0 | 无人化 | 1985.05 |
| 6 | 荣桥立坑 | 12.1×8.6 | 52.49 | 无人化 | 1989.01 |
| 7 | 台场锚干基础 | 70.1×45.1 | 46.50 | 无人化 | 1990.04 |
| 8 | 彩虹桥台场侧 | 45.1×70.1 | 46.5 | 无人化 | 1990.05 |
| 9 | 翼桥 P1，P4（钢外侧） | 15.1×35.1 | 44.0 | 无人化 | 1990.10 |
| 10 | 晴海通管路 1 工区基坑 | 8.4×12.3 | 48.9 | 无人化 | 1992.08 |
| 11 | 名港中央大桥西塔基础 | 34.1×30.1 | 52.50 | 无人化 | 1993.03 |
| 12 | 名港西大桥西塔基础（Ⅱ） | 40.1×27.1 | 45.00 | 无人化 | 1996.01 |
| 13 | 第二神名员办川桥 | 26.0×11.0 | 44.0 | 无人化 | 1998.12 |
| 14 | 高砂立坑 | φ12.5 | 51.50 | 无人化 | 2000.06 |
| 15 | 柴岛立坑 | φ17.6 | 63.52 | 无人化 | 2000.08 |

## 二、国内发展状况

气压沉箱工法在我国的工程应用比日本还要早29年,主要在桥梁基础上。中国最先采用沉箱基础的是京山(北京—山海关)铁路滦河桥(1892~1894年),该桥是在我国铁路工程先驱——詹天佑亲自主持下,在外国人屡筑屡塌的背景下,分析原因重新选址,采用气压沉箱法建造基础,沉箱刃脚嵌入岩石,基础全部用混凝土浇筑,墩身石砌,工程浩大,历时32个月建筑而成。1935年4月动工的杭州钱塘江大桥,是我国第一座自行设计的桥梁,由桥梁泰斗茅以升先生设计,桥基承包商为康益洋行(上海市基础工程有限公司前身),桥基即是采用气压沉箱,基础深达47.8m,工程历时不到两年半,于1937年9月通车。

我国采用气压沉箱工法分别在北京、上海、四川、安徽、江西、黑龙江等地施工了十多个工程,部分沉箱工程情况如表1-2所示。

沉箱工程施工情况　　　　　　　　表1-2

| 编号 | 工程名称 | 平面尺寸(m) | 下沉深度(m) | 土质情况 | 挖掘方式 | 施工年月 |
|---|---|---|---|---|---|---|
| 1 | 钱塘江大桥 | 15个桥墩沉箱 | 20.0 | 黏土、细砂、粗砂夹砾石 | 全人工 | 1935~1937 |
| 2 | 北京良乡601厂35号、36号水源沉箱工程 | 圆形内径4.0外径5.2 | 35号6.99 36号5.45 | 细砂、中砂、砂砾、砂质黏土夹砾卵石 | 全人工 | 1957 |
| 3 | 富拉尔基重型机械厂(403厂)热处理车间沉箱工程 | 37.8×21.3×29.5 | 20.5 | 黏土、细砂、粗砂夹砾石 | 全人工,砂压重助沉 | 1957.08~1957.10 |
| 4 | 四川德阳重机厂 | 20×17×12 | 13.6 | 黏性土 | 全人工 | 1957 |
| 5 | 上海闸北电厂 | 15×20×20 | 22.5 | 软黏土 | 全人工 | 1959 |
| 6 | 雅克什木材厂 | 20×12×14 | 15 | 黏土、细砂、粗砂夹砾石 | 全人工 | 1960 |
| 7 | 北京有色金属研究院 | 25×12×15 | 16.7 | 黏土 | 全人工 | 1963 |
| 8 | 淮南化肥厂水源工程泵房沉箱 | 27.2×14.7×19.1 | 13.14 | 黏土、细砂、砂质黏土夹砾石 | 水力机械+人工掏刃脚 | 1964.09~1965.02 |
| 9 | 南昌七里街电厂水泵房沉箱工程 | 17.2×16.1×29.3 | 13.8 | 淤泥、粉砂、砾砂、砾石 | 水力机械+人工掏刃脚 | 1965 |
| 10 | 上海651隧道工程(打浦路隧道)2号沉箱 | 17.2×16.1×29.3 | 32 | 软黏土 | 水力机械+人工掏刃脚 | 1965.4~1969.10 |
| 11 | 上海原地铁04工程(衡山公园地铁车站)沉箱 | 63.0×21.8×17.8 | 20.5 | 软黏土 | 水力机械出土,水压重助沉 | 1965.10~1967.11 |

续表

| 编号 | 工程名称 | 平面尺寸(m) | 下沉深度(m) | 土质情况 | 挖掘方式 | 施工年月 |
| --- | --- | --- | --- | --- | --- | --- |
| 12 | 四川江油电厂 | 25×15×12 | 15 | 黏性土 | 水力机械出土，水压重助沉 | 1966 |
| 13 | 上海轨道交通7号线浦江南浦站～浦江耀华站区间中间风井 | 25.24×15.60×29.0 | 29.0 | 软黏土 | 无人化 | 2007.01～2007.11 |

综上所述，气压沉箱工法原理是以气压平衡水土压力，作业空间处于无水状态，无需另行对土体进行降水或降承压水处理，同时气压的反压作用还起到抵抗基底隆起、防止流砂管涌的作用，从而达到有效控制地表沉降的目的。而且，采用了现代新技术成果集成的远程遥控气压沉箱工法，在原有"对周边环境影响小"的突出技术优点的基础上，又增加了"以人为本、施工高效"的新技术优点，对城市密集环境下的大深度、大规模的城市地下空间利用与相邻环境的保护之间的矛盾，提供了一个很好的解决方法和出路，因此具有广阔的应用前景。

同时，工法本身是一种物理的施工方法，在施工中不污染土体，也不产生废浆废气等污染物，排除的土体可作为普通土处理，是一种绿色的施工方法。

相比沉井施工，工作室内的压缩空气起到了气垫作用，可以消除急剧下沉的危险情况，并且容易纠偏和控制下沉速度防止超沉，保证了安全和施工质量；沉箱顶板封闭后，在下沉的同时可继续在顶板上往上施工内部结构，不需像沉井那样过多受地基承载力的限制；此外沉箱由于气压的作用对周边环境影响小。

相比基坑板式围护体系，由于沉箱以气压平衡箱底水土压力，能有效起到反压作用，可以显著减少插入深度，减少近一半的工程量，具有可观的性价比。与两墙合一地下连续墙相比，其结构混凝土为现浇，还避免了水下混凝土灌注的一些缺陷，墙体质量有保证，结构刚度大而工程量少。另外沉箱基础建（构）筑物还具有抗震性能远优于桩、筏板式结构和沉井基础结构的优点。

# 第二章 气压沉箱的分析方法

气压沉箱理论研究的重点是计算在下沉阶段刃脚基础承载力、下沉稳定性及结构的位移和内力,同时评价基坑开挖对周边环境的影响。

## 第一节 沉箱刃脚基础地基极限承载力分析方法

当沉箱刃脚基础的基底压力增长至极限荷载时,基底土体中的塑性变形区充分发展并形成连续贯通的滑移面,地基所能承受的最大荷载称为地基极限承载力,此时地基土体失去稳定而破坏,沉箱下沉。

### 一、概述

沉箱刃脚基础极限承载力是沉箱能否下沉的关键因素。沉箱基础平面形状复杂,无法得到其理论解,为满足沉箱结构设计和施工的需要,可将沉箱基础简化为条形基础,然后进行理论分析。对于条形基础极限承载力的理论研究起源于 Prandtl 和 Reissner 在地震学报上发表的文章。Prandtl(1920 年)根据塑性理论研究了刚性体压入无重量的介质中,当地基土达到破坏时的滑动面形状极限承载力公式:

$$q_u = cN_c \tag{2-1}$$

式中 $q_u$——条形基础的极限承载力;
$c$——土的黏聚力;
$N_c$——黏聚力所产生的承载力系数;

Prandtl 破坏模式为对称结构,如图 2-1 所示。

Reissner(1924 年)在 Prandtl 的基础上,把基础两侧埋置深度内的土重以连续均布的超载 $q=\gamma D$ 来代替(如图 2-2 所示),得到基础有埋深时的地基极限承载力公式:

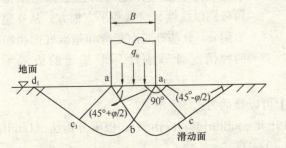

图 2-1 Prandtl 方法计算地基极限承载力

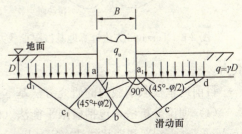

图 2-2 Reissner 方法计算地基极限承载力

$$q_u = cN_c + qN_q \tag{2-2}$$

式中　　$q_u$——条形基础的极限承载力；
　　　　$c$——土的黏聚力；
　　　　$q$——基底以上土体荷载；
　$N_c$、$N_q$——地基承载力系数。

Prandtl 和 Reissner 的方法均未考虑土重对地基承载力的影响，为了弥补这一缺陷，不少学者在 Prandtl 研究的基础上对承载力公式进行了改进。Terzaghi 根据 Prandtl 的基本原理，假定基底粗糙，提出了考虑土重的极限承载力公式；Meyerhof 提出了考虑基底以下两侧土体抗剪强度影响的极限承载力公式，而后又提出了荷载偏心、荷载倾斜时的极限承载力公式；Hansen 提出了考虑基底倾斜、土体表面倾斜时的极限承载力公式；Vesic 除了引入一些修正系数外，还考虑到地基土的压缩性的影响。

对于条形基础的极限承载力，Terzaghi（1943 年）在考虑基础以下土体重度和基础底部与地基表面间的摩擦效应的基础上，推导出均质地基上的条形基础的极限承载力公式

$$q_u = cN_c + qN_q + \frac{1}{2}\gamma B N_\gamma \tag{2-3}$$

式中　　$q_u$——条形基础的极限承载力；
　　　　$c$——土的黏聚力；
　　　　$q$——基底以上土体荷载；
　　　　$\gamma$——基底以下土体的重度；
　　　　$B$——条形基础的宽度；
　$N_c$、$N_q$、$N_\gamma$——地基承载力系数。

Terzaghi 破坏模式如图 2-3 所示。

沉箱基础结构除可简化为条形基础外，还可简化成环形基础进行承载力计算。一些学者进行了研究，如：Egorov、Milovic 和 Bowles 分别计算了环形基础的弹性沉降。Boushehrian 和 Hataf 用有限元法确定了刚性环形基础的应力和位移响应。Kumar 和 Ghosh 采用滑移线法，假定环形基础与下面土体之间的接触面的摩擦角分别以线性、对数和平方根方式从 0 递增到 $\varphi$，分基础底面光滑和基础底面粗糙两种情况计算刚性环形基础的极限承载力。

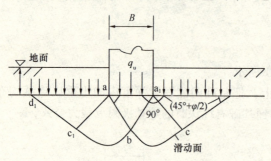

图 2-3　Terzaghi 方法计算地基极限承载力

目前地基极限承载力的研究方法基本上可以概括为：

（1）理论分析法，包括极限平衡法（Limit equilibrium method）、极限分析法（Limit analysis method）和滑移线法（Slip line method）；

（2）数值分析法，包括有限元法（Finite element method）和有限差分法（Finit differential method）。

现对各种地基承载力计算方法简要介绍如下：

**1. 极限平衡法**

在理想弹-塑性模型中，当土体中的应力小于屈服应力时，应力和变形用弹性理论求解，这时土体中每一点都应满足静力平衡条件和变形协调条件。当土体处于塑性状态时，力的平衡条件仍满足，但是由于塑性变形的出现，不再满足小应变情况下的变形协调条件，但应满足极限平衡条件。极限平衡理论就是根据静力平衡条件和极限平衡条件所建立起来的理论。

**2. 极限分析法**

极限分析方法又分为上限法和下限法，即是先假定地基土在极限状态下滑动面的形状，然后根据滑动土体的静力平衡条件求解。按照土体极限分析原理，地基土体在极限荷载作用下达到极限平衡状态时，一方面，平衡土体对应的应力场一定满足应力极限平衡方程与应力边界条件，且处处不违背塑性流动法则，由此速度场求得的地基承载力为极限承载力的下限解；另一方面，平衡土体对应的速度场一定满足速率运动平衡方程与位移边界条件，且处处不违背塑性流动法则，由此速度场求得的地基承载力为极限承载力的上限解。

**3. 滑移线法**

滑移线法根据极限平衡微分方程的特征线与土体内滑移线方程一致的特性，采用特征线方法求解极限平衡微分方程，进而得到破坏区域的滑移线场和应力场。由此可见，滑移线法的理论框架亦属于极限平衡方法，其不同点在于求解极限平衡方程的方法，但是多数还是将滑移线法作为一种独立的分析方法。

在求解地基极限承载力的过程中，极限平衡法、极限分析法以及滑移线法都是在假定地基土体为理想刚塑性体，且不考虑土体应力与变形间的关系的基础上，从理论上来求解地基的极限承载力。而实际土体是由固、液、气三相组成的复杂介质，因此采用理论方法只能给出理想状态下的解析解。

**4. 有限差分法**

有限差分方法是将求解域划分为差分网格，用有限个网格节点代替连续的求解域。有限差分法以 Taylor 级数展开等方法，把控制方程中的导数用网格节点上的函数值的差商代替进行离散，从而建立以网格节点上的值为未知数的代数方程组。该方法是一种直接将微分问题变为代数问题的近似数值解法，数学概念直观，表达简单，是发展较早且比较成熟的数值方法。

**5. 有限元法**

利用有限元法求解地基极限承载力，其基本求解思想是把计算域划分为有限个互不重叠的单元，在每个单元内，选择一些合适的节点作为求解函数的插值点，将微分方程中的变量改写成由各变量或其导数的节点值与所选用的插值函数组成的线性表达式，借助于变分原理或加权余量法，将微分方程离散求解。采用不同的权函数和插值函数形式，便构成不同的有限元方法。

有限元法可用于求解非线性问题，并且能够处理各种复杂的边界条件。将有限元法与土的弹塑性本构关系模型相结合，可对地基土进行弹塑性数值分析。长期以来，国内外许多学者对地基极限承载力进行了有限元分析，并取得了大量有价值的成果。

当利用有限元法求解地基的极限承载力及破坏模式时，需要确定地基土体单元的破坏标准。而确定土体单元的破坏标准是有限元分析地基土体极限承载力和破坏模式中的关键问题。

## 二、刃脚基础极限承载力的理论分析法

当沉箱刃脚基础平面为方形环形或矩形环形时，可将其等代为圆形环形基础进行承载力计算。环形基础极限承载力的理论分析法包括：极限平衡法，极限分析法和滑移线法等。现对滑移线法进行介绍。

**1. 滑移线法基本原理**

1）一阶拟线性偏微分方程组求解

在塑性力学中，一阶拟线性偏微分方程组常具有下列形式：

$$\begin{cases} A_1\dfrac{\partial u}{\partial x}+B_1\dfrac{\partial u}{\partial y}+C_1\dfrac{\partial v}{\partial x}+D_1\dfrac{\partial v}{\partial y}=E_1 \\ A_2\dfrac{\partial u}{\partial x}+B_2\dfrac{\partial u}{\partial y}+C_2\dfrac{\partial v}{\partial x}+D_2\dfrac{\partial v}{\partial y}=E_2 \end{cases} \tag{2-4}$$

式中，系数 $A_1$、$B_1$、$C_1$、$D_1$、$E_1$、$A_2$、$B_2$、$C_2$、$D_2$、$E_2$ 是 $x$、$y$、$u$、$v$ 的函数。且 $u$ 和 $v$ 的增量可以表示为：

$$\begin{cases} \mathrm{d}u=\dfrac{\partial u}{\partial x}\mathrm{d}x+\dfrac{\partial u}{\partial y}\mathrm{d}y \\ \mathrm{d}v=\dfrac{\partial v}{\partial x}\mathrm{d}x+\dfrac{\partial v}{\partial y}\mathrm{d}y \end{cases} \tag{2-5}$$

若将 $u$ 和 $v$ 的偏导数看作变量，将 $A_1$、$B_1$、$C_1$、$D_1$、$E_1$、$A_2$、$B_2$、$C_2$、$D_2$、$E_2$ 和 $\mathrm{d}x$、$\mathrm{d}y$ 作为系数，则式（2-4）、（2-5）联立可构成一方程组。如果其系数行列式不等于 0，则方程可解；若等于 0，则不可求这些偏导数值。该方程的特征方程可表示为：

$$a\left(\dfrac{\mathrm{d}y}{\mathrm{d}x}\right)^2-2b\left(\dfrac{\mathrm{d}y}{\mathrm{d}x}\right)+c=0 \tag{2-6}$$

式中

$$\begin{aligned} a &= C_1A_2-A_1C_2 \\ 2b &= C_1B_2-B_1C_2+D_1A_2-A_1D_2 \\ c &= D_1B_2-B_1D_2 \end{aligned} \tag{2-7}$$

方程（2-6）可分解为两个方程式：

$$\dfrac{\mathrm{d}y}{\mathrm{d}x}=\dfrac{1}{a}(b\pm\sqrt{b^2-ac}) \tag{2-8}$$

上述两个方程式即为一阶拟线性偏微分方程组的特征线方程。

由方程（2-8）可看出，如果在某一区域内，$b^2-ac>0$，则在这个区域特征方程(2-8)有两个实根，这表明一阶拟线性偏微分方程组有两组实特征线，方程组为双曲线型的。

如果在某一区域内，$b^2-ac=0$，则在这个区域特征方程的两个实根重合，这表明一阶拟线性偏微分方程组只有一组实特征线，方程组为抛物线型的。

如果在某一区域内，$b^2-ac<0$，则在这个区域特征方程有两个虚根，这表明一阶拟线性偏微分方程组没有实特征线，方程组为椭圆型的。

2) 滑移线法迭代公式推导

对任一土体单元进行分析，可从应力 Mohr 圆中发现第一主应力面与破坏面间的夹角为 $\pi/2-\mu$，第一主应力方向与破坏面的夹角为 $\mu=\pi/4-\varphi/2$，$\varphi$ 为土体内摩擦角。在平面应变问题中，平面上任一点都存在两个互相垂直的主应力，若把各点主应力方向的线段连续地连接起来，就能得到两组相互正交的曲线，称为主应力迹线。同样，若将各点的破坏线连接起来，则可以得到两组曲线，它们与第一主应力迹线保持夹角为 $\mu$，称为滑移线。在轴对称情况下，破坏面应该垂直于第一主应力和第三主应力所构成的平面。现有的研究结果表明，第一主应力和第三主应力构成的平面即为轴对称问题的 $r-z$ 平面。在此平面内，滑移线呈现与平面应变一致的结果，即存在两组滑移线，并与第一主应力间的夹角为 $\mu$。若令第一主应力与 r 轴夹角为 $\psi$，则第一、二类滑移线与 x 轴的夹角为 $\psi\pm\mu$。则其方程可写为：

$$\frac{\mathrm{d}z}{\mathrm{d}r}=\tan(\psi\pm\mu) \tag{2-9}$$

在轴对称条件下，土体单元的极限平衡方程在圆柱坐标系中可表示为下列形式：

$$\begin{cases}\dfrac{\partial\sigma_r}{\partial r}+\dfrac{\partial\tau_{rz}}{\partial z}+\dfrac{\sigma_r-\sigma_\theta}{r}=0\\[6pt]\dfrac{\partial\tau_{rz}}{\partial r}+\dfrac{\partial\sigma_z}{\partial z}+\dfrac{\tau_{rz}}{r}-\gamma=0\end{cases} \tag{2-10}$$

采用 Sokolovskii 的方法，引入平均应力 $\sigma$：

$$\sigma=\frac{\sigma_1-\sigma_3}{2\sin\varphi} \tag{2-11}$$

在 $rz$ 平面内满足 Mohr-Coulomb 屈服准则，定义第一主应力与 $+r$ 轴的夹角为 $\psi$，则应力分量可表示为：

$$\begin{cases}\sigma_r=\sigma(1+\sin\varphi\cos2\psi)-c\cot\varphi\\ \sigma_z=\sigma(1-\sin\varphi\cos2\psi)-c\cot\varphi\\ \tau_{rz}=\sigma\sin\varphi\sin2\psi\end{cases} \tag{2-12}$$

上式中，$\sigma_1$ 和 $\sigma_3$ 分别为第一和第三主应力，$\sigma_r$ 和 $\sigma_z$ 分别为 $r$、$z$ 方向的应力，$\tau_{rz}$ 为剪应力，$c$ 为土体黏聚力。将式（2-12）代入式（2-10），并进行整理，可将平衡方程转化为：

$$\begin{cases}\dfrac{\partial\sigma}{\partial s_1}+2\sigma\tan\varphi\dfrac{\partial(\psi+\mu)}{\partial s_1}+\dfrac{\sigma}{r}[\cos(\psi-\mu)-\cos(\psi+\mu)]\\[6pt]\tan\varphi\dfrac{1+\sin\varphi}{\cos\varphi}=\dfrac{\gamma\cos(\psi-\mu)}{\cos\varphi}\\[6pt]\dfrac{\partial\sigma}{\partial s_2}-2\sigma\tan\varphi\dfrac{\partial(\psi+\mu)}{\partial s_2}-\dfrac{\sigma}{r}[\cos(\psi-\mu)-\cos(\psi+\mu)]\\[6pt]\tan\varphi\dfrac{1+\sin\varphi}{\cos\varphi}=-\dfrac{\gamma\cos(\psi+\mu)}{\cos\varphi}\end{cases} \tag{2-13}$$

可以看出，该方程是一阶拟线性偏微分方程组，直接求解困难较大。该方程为双曲线型的，具有两组不同的特征线，因此可以用特征线法来求解。别列赞采夫引入两个新函数：

$$\begin{cases} \xi = \dfrac{1}{2}\cot\varphi\ln\left(\dfrac{\sigma}{\sigma_0}\right) + \psi \\ \eta = \dfrac{1}{2}\cot\varphi\ln\left(\dfrac{\sigma}{\sigma_0}\right) - \psi \end{cases} \text{或} \begin{cases} \sigma = \sigma_0 e^{(\xi+\eta)\tan\varphi} \\ \psi = (\xi - \eta)/2 \end{cases} \tag{2-14}$$

式中，$\sigma_0$ 为任意选定的单位为应力单位的量。将式（2-14）代入（2-13），则平衡方程式可写成如下形式：

$$\begin{cases} \dfrac{\partial \xi}{\partial r} + \tan(\psi+\mu)\dfrac{\partial \xi}{\partial z} = A \\ \dfrac{\partial \eta}{\partial r} + \tan(\psi-\mu)\dfrac{\partial \eta}{\partial z} = B \end{cases} \tag{2-15}$$

其中，

$$\begin{aligned} A &= -\dfrac{\sin(\psi+\mu)+\sin(\psi-\mu)}{2r\cos(\psi+\mu)} + \dfrac{\gamma\cos(\psi-\mu)}{2\sigma\sin\varphi\cos(\psi+\mu)} \\ B &= \dfrac{\sin(\psi-\mu)+\sin(\psi+\mu)}{2r\cos(\psi-\mu)} - \dfrac{\gamma\cos(\psi+\mu)}{2\sigma\sin\varphi\cos(\psi-\mu)} \end{aligned} \tag{2-16}$$

显然，式（2-15）亦为一阶拟线性偏微分方程组，其特征线为

$$\begin{cases} \dfrac{\mathrm{d}z}{\mathrm{d}r} = \tan(\psi+\mu) \\ \dfrac{\mathrm{d}z}{\mathrm{d}r} = \tan(\psi-\mu) \end{cases} \tag{2-17}$$

对比式（2-9）和式（2-17），可以看出极限平衡微分方程的特征线与土体达到极限状态的滑移线相同。采用 Sokolovskii 的方法，别列赞采夫采用差分代替式中的偏微分项，则可通过两已知点 $A$、$B$ 的参数值（$r$、$z$、$\xi$、$\eta$、$\sigma$、$\psi$）迭代计算得到其相邻交点 $P$ 的参数值（如图 2-4 所示），以代替复杂的积分运算。

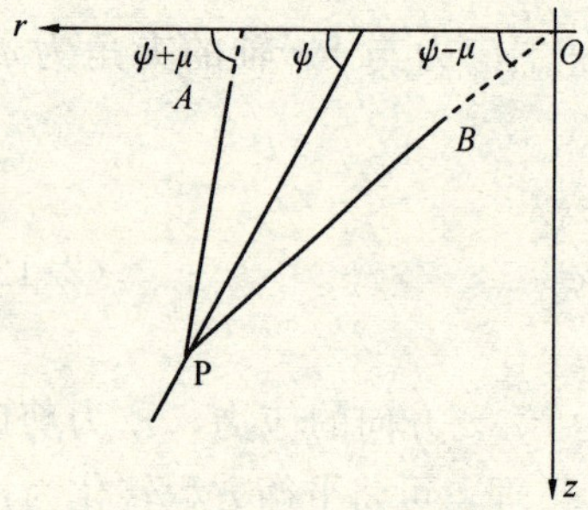

如此从已知边界开始循环迭代，直到整个区域，则可得该区域内的应力场。若将区域内的点连接，则可得到该区域的滑移线场。如前所述，滑移线场和应力场可在迭代过程中同时得到，而且滑移线是通过迭代计算逐

图 2-4 迭代计算示意图

步推得，不需要假定滑动面，因此所得结果比其他需要假定滑动面的结果更精确，这点已在 Sokolovskii 的结果中得到反映。其迭代公式如下：

$$r_P = \dfrac{z_A - z_B - r_A\tan\left(\psi_A + \left(\dfrac{\pi}{4} - \dfrac{\varphi}{2}\right)\right) + r_B\tan\left(\psi_B - \left(\dfrac{\pi}{4} - \dfrac{\varphi}{2}\right)\right)}{\tan\left(\psi_B - \left(\dfrac{\pi}{4} - \dfrac{\varphi}{2}\right)\right) - \tan\left(\psi_A + \left(\dfrac{\pi}{4} - \dfrac{\varphi}{2}\right)\right)}$$

$$z_P = z_A + (r_P - r_A)\tan\left(\psi_A + \left(\dfrac{\pi}{4} - \dfrac{\varphi}{2}\right)\right)$$

$$\begin{aligned}\xi_p &= \xi_A + (r_p - r_A)A_A \\ \eta_p &= \eta_B + (r_p - r_A)B_B \\ \psi_p &= \frac{\xi_p - \eta_p}{2} \\ \sigma_p &= e^{\tan\varphi(\xi_p + \eta_p)}\end{aligned} \quad (2\text{-}18)$$

式中，$A$ 为通过第一类滑移线的点；$B$ 为通过第二类滑移线的点；$P$ 为通过 $A$ 和 $B$ 两条滑移线的交点。

**2. 滑移线解的三类基本边值问题**

由以上分析可知，滑移线解法是利用了极限平衡微分方程的特征线与土体破坏的滑移线一致，进而在其滑移线上用有限差分迭代来代替复杂积分运算的一种方法。要得到整个区域的应力场，需要从已知边界进行迭代，直到整个区域都被覆盖。根据边界条件不同，滑移线解法中有三类基本边值问题，分别为：（1）Cauchy 问题（初值问题）；（2）Riemann 问题（初始特征问题）；（3）混合边值问题。

1）Cauchy 问题

Cauchy 边值问题如图 2-5 所示，若非滑移线边界 (1,1)～(n,1) 已知，即其上的 $\sigma$、$\psi$、$\xi$、$\eta$ 可求，图上 (1,1)～(n,1) 各点的坐标亦可得，可采用如下顺序计算整个区域的滑移线场和应力场。

（1）根据点 (1,1) 和 (2,1) 迭代计算其滑移线交点 (1,2)；根据点 (2,1) 和 (3,1) 迭代计算其滑移线交点 (2,2)；依次类推，直到 (n−1,2)。

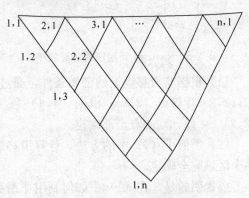

图 2-5 Cauchy 问题迭代计算顺序

（2）根据点 (1,2) 和 (2,2) 迭代计算其滑移线交点 (1,3)；采用类似于（1）中的顺序，直到求得 (n−2,3) 的结果。

（3）依照前述的递推方式，求得整个三角形区域 (1,1)～(n,1)～(1,n) 被确定。

由此可见，Cauchy 问题可以根据已知的非滑移线边界的已知条件，递推确定通过该边界两端的滑移线所确定的三角区域的应力场。

2）Riemann 问题

设在滑移线 (1,1)～(1,n) 和 (1,1)～(m,1) 上的 $\sigma$、$\psi$、$\xi$、$\eta$ 已知，则在四边形 (1,1)～(1,n)～(m,n)～(m,1) 内的解是完全确定的，如图 2-6 所示。其计算顺序如下：

（1）由 (1,2) 和 (2,1) 计算得到 (2,2)；再由 (1,3) 和 (2,2) 计算得到 (2,3)；依次类推，直到 (2,n) 被确定。

（2）采用类似于（1）的计算方法，计算确定 (3,2)～(3,n) 的结果。

（3）循环步骤（2）直到滑移线 (m,1)～(m,n) 被完全确定。

3）混合边值问题

混合边值问题如图 2-7 所示，曲线 (1,1) ~ (1,n) 为滑移线，其上的 $\sigma$、$\psi$、$\xi$、$\eta$ 已知，曲线 (1,1) ~ (n,n) 不是滑移线，其上的 $\sigma$ 或 $\psi$ 已知，则滑移线 (1,1) ~ (1,n) 和非滑移线 (1,1) ~ (n,n) 构成的三角区域可被完全确定。其计算顺序如下：

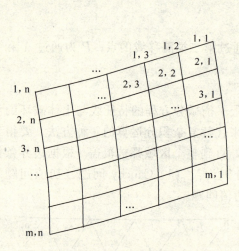 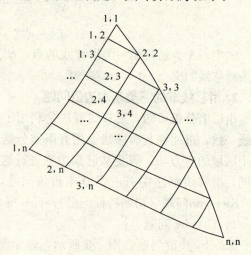

图 2-6　Riemann 问题迭代计算顺序　　　图 2-7　混合边值问题迭代顺序

（1）根据非滑移线上的已知条件，通过 (1,2) 计算得到点 (2,2)。然后根据 (1,3) 和 (2,2) 计算点 (2,3)；根据 (1,4) 和 (2,3) 计算点 (2,4)；依次类推直到滑移线 (2,2) ~ (2,n) 的点全部确定。

（2）类似于（1）中的方法，计算滑移线 (3,3) ~ (3,n) 的结果；依次类推，直到整个区域完全确定。

要说明的是，在（1）中如何利用非滑移线上的已知条件来计算点 (2,2) 将在以后遇到的时候再做说明，因为针对非滑移线上所给的是 $\sigma$ 还是 $\psi$，其计算公式尚不相同。

在常规的滑移线解中，都可以将待分析的区域分解为以上边值问题的组合，从已知边界开始进行迭代计算，进而获得整个滑动区域的应力场。在基础底面下土体的应力状态即可反映基础的极限承载力。

对环形基础问题，基本模型如图 2-8 所示，环形基础的外径记为 $r_0$，内径为 $r_i$，基础外部作用有均匀堆载 $q$。根据滑移线的形状（图 2-8）和边界条件，可知靠近地面的三角区域为 Cauchy 问题，中间环形区域为 Riemann 问题，靠近基础的三角区域为混合边值

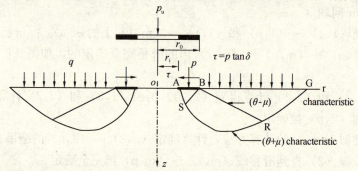

图 2-8　环形基础的分析模型

问题。

**3. 边界条件**

由于问题的轴对称性质，取 $r-z$ 平面进行分析。在地面上作用有一垂直荷载 $q$，地面点的应力分量满足：

$$\sigma_z = q$$
$$\tau_{rz} = 0 \tag{2-19}$$

根据其位移特征，可知第一主应力为水平方向力，即第一主应力方向角（第一主应力与 $r$ 轴之间的夹角）$\psi=\pi$。

在基础底部与土体交界处，若不考虑基础底面的粗糙度，有 $\psi=3\pi/2$；若考虑基础底部与土体之间的摩擦，摩擦角记为 $\delta$，则有：

$$\psi = \frac{3\pi}{2} - \frac{1}{2}\left[\delta + \arcsin\left(\frac{\sin\delta}{\sin\varphi}\right)\right] \tag{2-20}$$

这里为简化计算，认为基础底部与土体之间的摩擦角 $\delta$ 保持为定值。

**4. 计算实例**

采用标准的计算顺序，可求得滑动区域的滑移线场和基础下的极限承载力分布。这里给出一个算例，环形基础的外径 $r_0=10\text{m}$，内径 $r_i=4\text{m}$，土体为砂土，重度 $\gamma=20\text{kN/m}^3$，堆载为 0，所得滑移线如图 2-9 所示。基础下的压力即为该环形基础的极限承载力，其分布如图 2-10 所示。可见，极限承载力呈近似线性分布，随径向坐标的减小而增大。

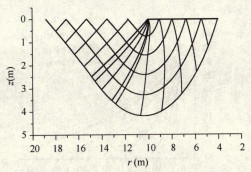
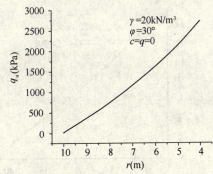

图 2-9　滑移线场　　　　图 2-10　环形基础下的极限承载力分布

由 Terzaghi 公式可知，基础承载力由土体重度、土体黏聚力和堆载三部分作用构成：

$$q_u = \frac{1}{2}\gamma B N_\gamma + c N_c + q N_q \tag{2-21}$$

当 $c=q=0$ 时，极限承载力只与 $N_\gamma$ 有关。在环形基础承载力计算中，为方便起见，定义：

$$N_\gamma = \frac{q_{u\gamma}}{\gamma r_0} \tag{2-22}$$

这里 $q_{u\gamma}$ 为与土体重度有关的极限承载力部分。图 2-11 给出了不同内摩擦角情况下，极限承载力系数的分布曲线，可见不同内摩擦角下的曲线形状类似，只是量值不同。内摩擦角越大，极限承载力系数越大。图 2-12 给出了基底粗糙度不同时，极限承载力系数的分布形式。由图可见，基底的粗糙度对极限承载力的影响是非常大的，$\delta=\varphi$ 时的结果比 $\delta=0$ 的结果大了一倍以上。

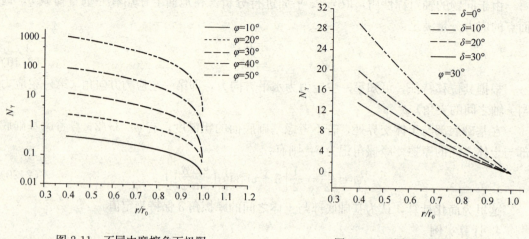

图 2-11　不同内摩擦角下极限
承载力系数分布

图 2-12　不同基础粗糙度情况
下极限承载力系数分布

图 2-13 和图 2-14 分别研究了极限承载力系数随内径和外径的变化关系。图 2-13 中外径相同，内径分别为 35m、30m 和 20m，发现三条曲线重合。图 2-14 表明，极限承载力系数在外径不同时的变化速率不同。

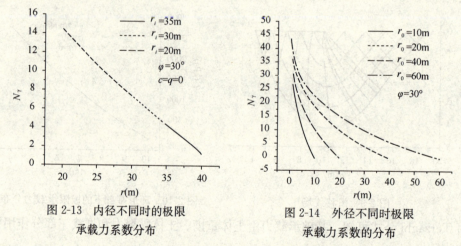

图 2-13　内径不同时的极限
承载力系数分布

图 2-14　外径不同时极限
承载力系数的分布

图 2-15～图 2-16 分别给出了黏聚力和堆载不同时的极限承载力的结果。由图 2-15 可得，黏聚力越大，极限承载力越大；由图 2-16 可得，堆载越大，极限承载力越大。

### 三、刃脚基础极限承载力的数值分析法

采用数值计算法分析沉箱刃脚基础极限承载力是目前应用最为广泛的方法。数值分析法包括：有限差分法、有限元法和边界元法。本节将论述采用有限差分法分析基础极限承载力的基本原理和计算结果，以及采用有限元法进行基础极限承载力分析的基本原理、本构模型和接触算法。

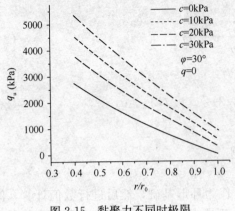
图 2-15 黏聚力不同时极限
承载力的分布

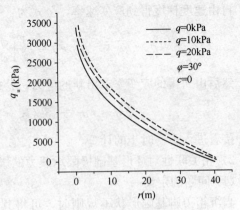
图 2-16 堆载不同时极限
承载力的分布

**1. 有限差分法**

在计算沉箱刃脚基础极限承载力时，可将方形环形或矩形环形基础等代为圆形环形基础，然后采用有限差分法进行计算。有限差分法计算采用显式差分、时差 Lagrangian 计算模式与混合离散技术，确保了塑性屈服载荷和连续塑性流动能够被精确模拟。在模拟计算时，土体的区域首先被划分为有限差分网格，网格可以是任何形状的不规则单元。然后，每个单元再被分成相互叠加的两个常应变三角形单元，可应用于任何形状的边界条件。计算中的坐标值是在每次计算循环结束后随时调整，既适用于小变形计算，也适用于大变形的计算。并把诸如黏聚力 $c$，超载 $q$，土体自重 $\gamma$，基础的形状系数 $F_{cs}$，$F_{qs}$ 和 $F_{\gamma s}$，内摩擦角 $\varphi$ 以及剪胀角 $\psi$ 等几乎所有影响基础极限承载力的因素统一考虑，可以更加准确的计算出基础的极限承载力。

1) 有限差分方法的基本原理

有限差分方法是一种解微分方程组的古老的数学方法。这里采用 Wilkins 于 1964 年提出的可以适用任意形状网格单元和大应变的显式有限差分方法，这种方法并不受到矩形网格的限制。有限差分方法和混合离散技术使屈服载荷和持续塑性流动的模拟成为可能。网格划分时先把分析对象划分为由四边形单元组成的有限差分网格，然后将每个单元再分为两组覆盖的常应变三角形单元（三角形单元的应用解决了"沙漏"变形问题），每个三角形单元的偏应力分量相互独立，作用在每个节点上的外力视为在两个重叠的四边形的两个外力矢量平均值。用有限差分方法进行计算时，对于每一个计算时步，首先调用运动方程，从应力和外力导出新的速度和位移，然后根据速度导出应变速率，再由应变速率得出新的应力，再进入下一个计算时步，过程如图 2-17 所示。

在连续的固体介质中，运动方程概括为公式：

$$\rho \frac{\partial \dot{u}_i}{\partial t} = \frac{\partial \sigma_{ij}}{\partial x_i} + \rho g_i \quad (2-23)$$

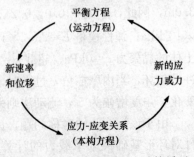
图 2-17 显式有限差分基本计算循环

再由速度梯度得到应变速率，公式为：

$$\dot{e}_{ij} = \frac{1}{2}\left[\frac{\partial \dot{u}_i}{\partial x_j} + \frac{\partial \dot{u}_j}{\partial x_i}\right] \tag{2-24}$$

然后由所得的应变率求出新的应力，公式为：

$$\sigma_{ij} = \sigma_{ij} + \{\delta_{ij}(K - 2G/3)\dot{e}_{kk} + 2G\dot{e}_{ij}\}\Delta t \tag{2-25}$$

接着进入下一时步的计算。

2）相关联性对环形基础极限承载力的影响

(1) 问题的定义

当沉箱刃脚基础形状不规则时，可将其等代为环形基础，然后进行数值计算，问题的定义如图2-18所示。环形基础为刚性基础，不考虑其本身的变形。基础的内、外半径分别为 $r_i$ 和 $r_0$；环形基础被置于水平的均质、弹性土体之上，基础上面受到垂直向下的均布载荷。基础两侧的超载为 $q$；基础的极限承载力 $q_u$ 由基础的竖向反力计算获得，反力的合力通过基础的中心。

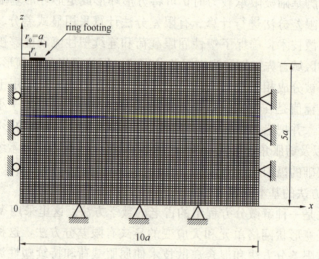

图 2-18 计算模型的网格划与边界条件示意图

(2) 建立模型

模拟计算时，环形基础的内半径 $r_i$ 从 0.0m 到 0.75m、1.0m 和 1.5m，外半径 $r_0$ 为 3.0m，因此，$r_i/r_0 =$ 0.0，0.25，0.33，0.5。在数值模拟时，土体的体积模量为 $K = 2 \times 10^4$ kPa；弹性模量 $E = 2.57 \times 10^4$ kPa；泊松比 $\gamma = 0.285$；土体的重度为 $\gamma = 10$ kN/m³；土体的黏聚力 $c = 0$ kPa；超载 $q = 0$ kPa。由于当内摩擦角 $\varphi$ 过大时，土体的破坏形式属于冲剪破坏，当内摩擦角 $\varphi$ 过小时，土体的破坏为脆性破坏，我们选取内摩擦角从 5° 到 30° 变化，角度增幅为 5°，流动法则采用关联流动法则，即 $\psi = \varphi$。

由于该问题为轴对称问题，因此，仅采用模型的一半区域进行计算。为了将边界条件对环形基础极限承载力的计算结果的影响降到最低，计算区域的宽度和深度分别取 15m 和 30m，分别为环形基础宽度的 5 倍和 10 倍。计算时采用正方形单元比采用矩形单元具有更高的精度，因此，把计算区域总共划分为 7200 个正方形单元，每个单元的边长为 0.25m。

基础和基础下面的土体之间的接触面可分为两种情况：一种是基础底面光滑的情况，基础在土体上可以沿水平方向相对移动；一种是基础底面粗糙的情况，基础与土体之间沿水平方向没有任何的相对移动。对两种类型接触面情况分别进行计算，计算时左边界为整个区域的对称轴，在此平面上，边界上的结点在水平方向为固定约束，没有位移发生；在竖直方向，为滚动约束，允许有可能发生的位移。右边界和地面边界都采用强制的固定约束，在水平和竖直两个方向上都没有位移发生。

随着载荷的不断增加，位移也不断增加。当达到即使位移增加但载荷却不再增加的状态，而且基础下的土体中出现了稳定连续的滑动面，此时，土体达到屈服，该时刻的基础反力即为基础的极限载荷 $q_{ult}$。计算极限承载力公式如下式：

$$q_{ult} = \gamma(r_0 - r_i)N'_\gamma \tag{2-26}$$

根据公式 (2-26)，我们就可从 $N'_\gamma = q_{ult}/\gamma(r_0 - r_i)$ 中得到 $N'_\gamma$。最终极限承载力 $q_{ult}$ 是由圆形基础节点上的竖向反力的和除以基础的底面积得到，如下式：

$$q_{ult} = \frac{2\pi \Sigma f_i^{(y)} r_i}{\pi R^2} \tag{2-27}$$

其中，$f_i^{(y)}$ 为基础结点上的竖向反力；$r_i$ 为计算网格上的关联半径；$R$ 为基础上有效半径。

在计算基础底面的面积时，由于在承载面积上结点的速度是假定从第一个节点到最后一个节点时是线性变化的，因此，圆形基础的有效面积按照以下公式计算：

$$S_A = 0.5(X_l + X_{l+1}) \tag{2-28}$$

其中，$X_l$ 是基础上最后一个结点到对称轴的水平距离，$X_{l+1}$ 是毗邻 $X_l$ 右侧第一个节点的水平距离。来自基础顶部的荷载采用基础与土体接触面的节点的速度来模拟，该速度垂直向下。经过多次计算比较验证，速度大小采用 $1 \times 10^{-6}$ m/step，该速度一定要足够小，以确保初始速度对承载力计算结果的影响降到最低并可以忽略。在极限承载力 $N'_\gamma$ 计算过程中，初始地应力的模拟是通过给土体单元的积分点上施加初始应力来实现的。竖向初始地应力采用土体自重的值与单元积分点到土体上表面的垂直距离的乘积来模拟。为了更加实际的模拟初始地应力状态和实际地应力过程，水平初始地应力的大小采用静止土压力系数 $K_0$ 与竖向土压力的乘积来计算。

(3) 计算结果分析

图 2-19～图 2-24 为承载力系数—位移曲线。这些曲线反映了当内摩擦角 $\varphi = 5° \sim 30°$ 时，环形基础内、外半径之比 $r_i/r_0 = 0.0, 0.25, 0.33, 0.5$ 时环形基础承载力的变化规律。从这些曲线可以看出，环形基础的极限承载力系数 $N'_\gamma$ 随着基础内、外半径之比 $r_i/r_0$ 的增加而减小；环形基础底面粗糙时的极限承载力比基础底面光滑时的极限承载力大。屈服的判断标准是以基础下面的土体是否发生了稳定的塑性流动为基础的。当稳定的塑性滑动面出现以后，虽然位移不断增加，但环形基础的极限承载力系数 $N'_\gamma$ 将不再发生变

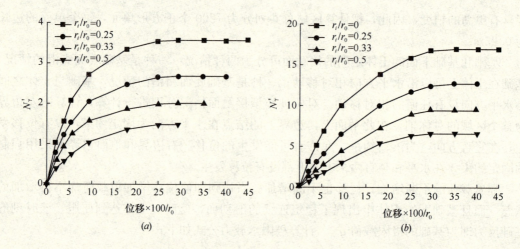

图 2-19 $\varphi=5°$时，随着环形基础内外半径 $r_i/r_0$ 的变化，承载力系数变化曲线
(a) 基础底面光滑；(b) 基础底面粗糙

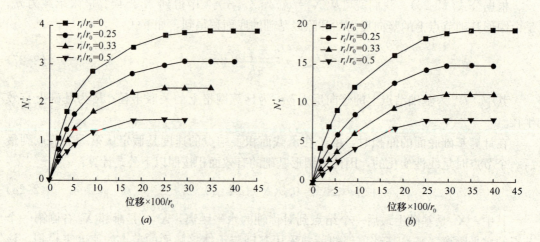

图 2-20 $\varphi=10°$时，随着环形基础内外半径 $r_i/r_0$ 的变化，承载力系数变化曲线
(a) 基础底面光滑；(b) 基础底面粗糙

化。无论是底面光滑还是底面粗糙，随着内摩擦角 $\varphi$ 的增加，土体达到极限承载力时的极限承载力系数也逐渐增加。

图 2-25～图 2-32 表示当刚性环形基础的位移增量为 0.075m 时土体的位移矢量场，矢量比例为 1。其中，图 2-25～图 2-28 为基础底面光滑时情况，图 2-29～图 2-32 为基础底面粗糙时情况。从图 2-25～图 2-32 中可以看出，随着土体施加位移的不断增加，土体位移矢量场中的位移矢量也不断增加，直至出现连续的塑性滑动面，土体发生破坏。

3）非关联性对圆形基础极限承载力的影响

（1）模型的建立

本模型中，圆形基础的半径为 4m，如图 2-33 所示。土体的弹性体积模量为 $K=2\times10^4$ kPa；杨氏模量 $E=2.57\times10^4$ kPa；泊松比 $\nu=0.285$；土体自重为 $\gamma=17$ kN/m³；黏

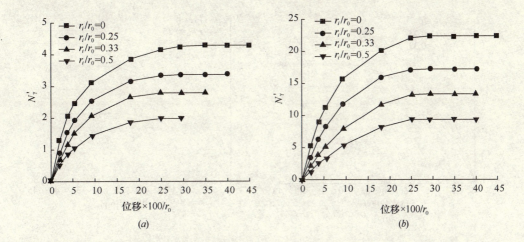

图 2-21 $\varphi = 15°$时,随着环形基础内外半径 $r_i/r_0$ 的变化,承载力系数变化曲线
(a) 基础底面光滑;(b) 基础底面粗糙

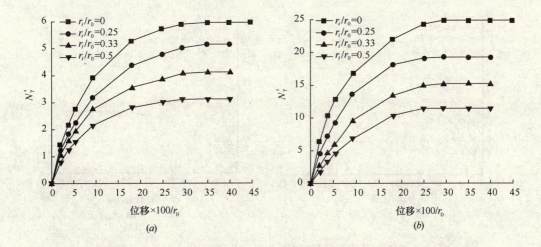

图 2-22 $\varphi = 20°$时,随着环形基础内外半径 $r_i/r_0$ 的变化,承载力系数变化曲线
(a) 基础底面光滑;(b) 基础底面粗糙

聚力 $c = 10\text{kPa}$;超载 $q = 25\text{kPa}$。

为综合考虑非关联流动法则对圆形基础极限承载力的影响,计算时,内摩擦角从 $5°$ 到 $45°$ 递增,增幅为 $5°$,剪胀角的大小依照 $\psi = n\varphi$ 变化,其中 $n = 0$,$1/4$,$1/2$,$3/4$,$1$。由于该问题为轴对称问题,所以,计算时只取土体的右半域来计算。为了在数值计算基础的极限承载力时,能够把边界条件对计算极限载荷的影响降到最小,选取土体的右半域的宽度为 40m,深度为 20m,分别是圆形基础半径的 5 倍和 10 倍。整个土体的计算区域被划分为 800 个边长为 1m 的正方形单元。相应的,在水平方向上,基础被划分为 4 个单元,竖直方向也取单位长度,即也是 1m。

经过多次验证,竖直向下的速度大小最终确定为 $1 \times 10^{-6}$ m/step,这个数值足够小,可以把初始速度对最终计算结果的影响降到最低。模拟计算时,三种极限承载力系数 $N_c'$,$N_q'$ 和 $N_\gamma'$ 都是单独计算得到。当计算 $N_c'$ 时,土体重度为 $\gamma = 0\text{kN/m}^3$,超载 $q = $

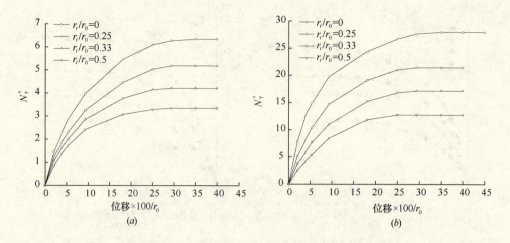

图 2-23 $\varphi=25°$时,随着环形基础内外半径 $r_i/r_0$ 的变化,承载力系数变化曲线
(a) 基础底面光滑;(b) 基础底面粗糙

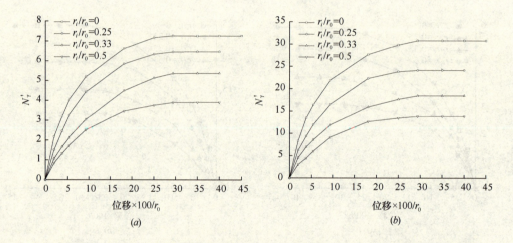

图 2-24 $\varphi=30°$时,随着环形基础内外半径 $r_i/r_0$ 的变化,承载力系数变化曲线
(a) 基础底面光滑;(b) 基础底面粗糙

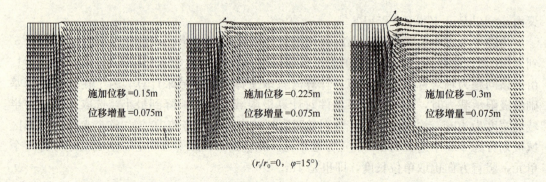

图 2-25 环形基础底面光滑且竖向位移增量为 0.075m 时,土体位移矢量场示意图

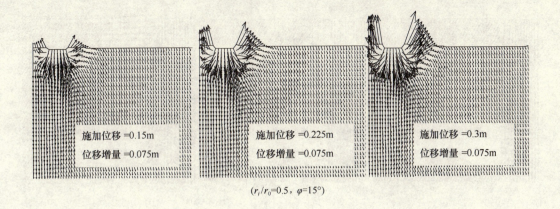

($r_i/r_0=0.5$,$\varphi=15°$)

图 2-26　环形基础底面光滑且竖向位移增量为 0.075m 时，土体位移矢量场示意图

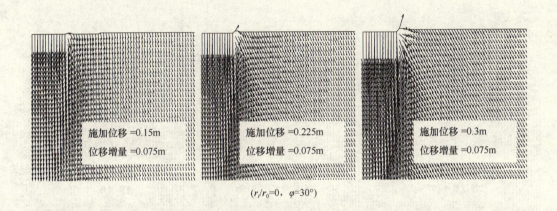

($r_i/r_0=0$,$\varphi=30°$)

图 2-27　环形基础底面光滑且竖向位移增量为 0.075m 时，土体位移矢量场示意图

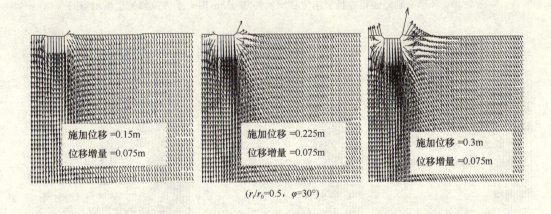

($r_i/r_0=0.5$,$\varphi=30°$)

图 2-28　环形基础底面光滑且竖向位移增量为 0.075m 时，土体位移矢量场示意图

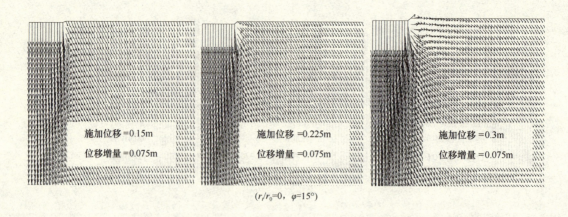

图 2-29　环形基础底面粗糙且竖向位移增量为 0.075m 时，土体位移矢量场示意图

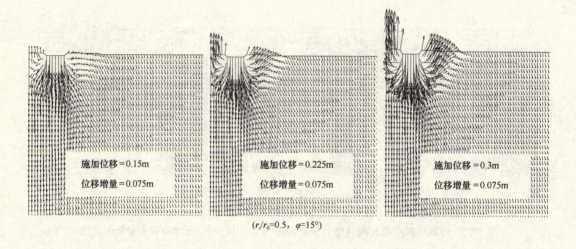

图 2-30　环形基础底面粗糙且竖向位移增量为 0.075m 时，土体位移矢量场示意图

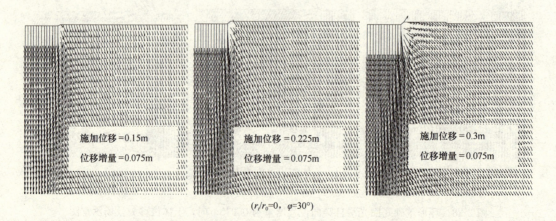

图 2-31　环形基础底面粗糙且竖向位移增量为 0.075m 时，土体位移矢量场示意图

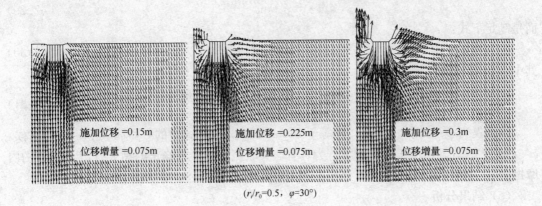

$(r_i/r_0=0.5, \varphi=30°)$

图 2-32 环形基础底面粗糙且竖向位移增量为 0.075m 时，土体位移矢量场示意图

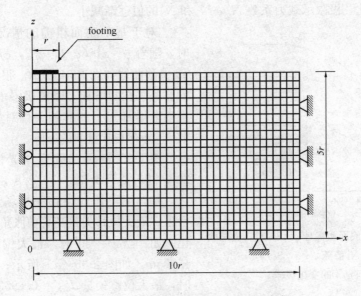

图 2-33 计算模型网格的划分与边界条件

0kPa，黏聚力 $c=10$kPa。当计算 $N'_q$ 时，土体自重为 $\gamma=0$kN/m³，超载 $q=25$kPa，黏聚力 $c=0$kPa，然后得 $N'_q=q_{ult}/q$，即可得到极限承载力系数 $N'_q$。在计算 $N'_\gamma$ 时，由于土体自重的原因，土体的自重应力场对 $N'_\gamma$ 的影响非常重要，因此，在计算承载力系数 $N'_\gamma$ 时，必须考虑土体的自重应力场对极限承载力系数的影响。水平初始地应力的大小采用静止土压力系数 $K_0$ 与竖向土压力的乘积来计算，其中 $K_0=1-\sin\varphi$。土体重度为 $\gamma=17$kN/m³，超载 $q=0$kPa，黏聚力 $c=0$kPa，于是得 $N'_\gamma=q_{ult}/\gamma(r_0-r_i)$，即可得到极限承载力系数 $N'_\gamma$。

(2) 解析方法

当考虑非关联性时，即 $\psi\neq\varphi$ 时，计算极限承载力系数时 $N'_c$，$N'_q$ 和 $N'_\gamma$，应该按照 Drescher 和 Detournay 建议的方法来计算。根据 Davis 的发现，在速度特征线上，剪切应力和正应力的关系并不满足下列的 Mohr-Coulomb 关系式：

$$\tau = \sigma \tan\varphi + c \tag{2-29}$$

而是满足下式：

$$\tau^* = \sigma \tan\varphi^* + c^* \tag{2-30}$$

其中，

$$\tan\varphi^* = \frac{\cos\varphi\cos\psi}{1-\sin\varphi\sin\psi}\tan\varphi; c^* = \frac{\cos\psi\cos\varphi}{1-\sin\psi\sin\varphi}c \tag{2-31}$$

当且仅当 $\psi=\varphi$ 时，$\varphi^*$ 和 $c^*$ 才等于 Mohr-Coulomb 公式中的 $c$ 和 $\varphi$。当 $\psi<\varphi$ 的时候，$\varphi^*<\varphi$，$c^*<c$。由于土体的力学行为具有非关联流动性，将修正的黏聚力 $c^*$ 和修正的内摩擦角 $\varphi^*$ 应用到求解极限承载力公式中，即可得到非关联流动法则的解析解。

(3) 结果分析

用有限差分方法分别对基础底面光滑和基础底面粗糙两种情况计算了修正的极限承载力系数 $N_c'$，$N_q'$ 和 $N_\gamma'$。可以发现：随着非相关性的逐渐增加，即 $\psi$ 从 $\varphi$，$3\varphi/4$，$\varphi/2$，$\varphi/4$ 到 0 的变化，极限承载力系数 $N_c'$，$N_q'$ 和 $N_\gamma'$ 的值逐渐减小。

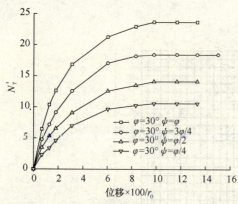

图 2-34 基础底面粗糙且 $\varphi=30°$ 时，极限承载力系数 $N_\gamma'$ 值随 $\psi=\varphi$，$3\varphi/4$，$\varphi/2$ 到 $\varphi/4$ 的变化规律

对于基础底面粗糙的情况，当 $\varphi=30°$ 时，随着 $\psi=\varphi$，$3\varphi/4$，$\varphi/2$，$\varphi/4$ 的变化，载荷-位移曲线如图 2-34 所示。很明显，随着土的非关联性的增加，竖向极限承载力系数 $N_\gamma'$ 也逐渐增加。土的非相关性对极限承载力系数 $N_\gamma'$ 具有非常重要的影响。

图 2-35 表示基础底面光滑时，当 $\varphi=30°$，随着 $\varphi=\psi$，$3\varphi/4$，$\varphi/2$，$\varphi/4$，0 的变化，基础下土体的位移矢量场。从图中可以看出，最大位移矢量随着剪胀角 $\psi$ 的变化而变化。如：当 $\psi=30°$ 时，最大位移矢量 $d_{max}=1.405$m，如图 2-35（a）所示；当 $\psi=22.5°$ 时，最大位移矢量 $d_{max}=0.8953$m，如图 2-35 (b) 所示；当 $\psi=15°$ 时，最大位移矢量 $d_{max}=0.5876$m，如图 2-35 (c) 所示；当 $\psi=7.5°$ 时，最大位移矢量 $d_{max}=0.5738$m，如图2-35 (d) 所示；当 $\psi=0°$ 时，最大位移矢量 $d_{max}=0.5649$m，如图 2-35 (e) 所示。剪胀角越大，最大位移也就越大，当剪胀角取到最大值（即 $\psi=\varphi$）时，相应的位移最大值也达到最大值（即 1.405m）；当剪胀角取最小值（即 $\psi=0$）时，相应的位移最大值也达到最小值（0.5649m）。不过，需要强调的是，此位移最大值的意义仅仅意味着位移随着土体非关联性的变化，在屈服状态下，其绝对值是没有任何意义的。位移矢量图表示了在基础底面光滑时随着剪胀角的大小从 $\varphi$ 变化到 $3\varphi/4$，$\varphi/2$，$\varphi/4$ 和 0 的变化过程中，土体不同的本构行为。

图 2-36 表示基础底面粗糙时，当 $\varphi=30°$，随着 $\psi=\varphi$，$3\varphi/4$，$\varphi/2$，$\varphi/4$，0 的变化，基础下土体的位移矢量场。从图中可以看出，最大位移矢量随着剪胀角的变化而变化。如：当 $\psi=30°$ 时，最大位移矢量 $d_{max}=1.405$m，如图 2-36（a）所示；当 $\psi=22.5°$ 时，最大位移矢量 $d_{max}=0.8450$m，如图 2-36（b）所示；当 $\psi=15°$ 时，最大位移矢量 $d_{max}=$

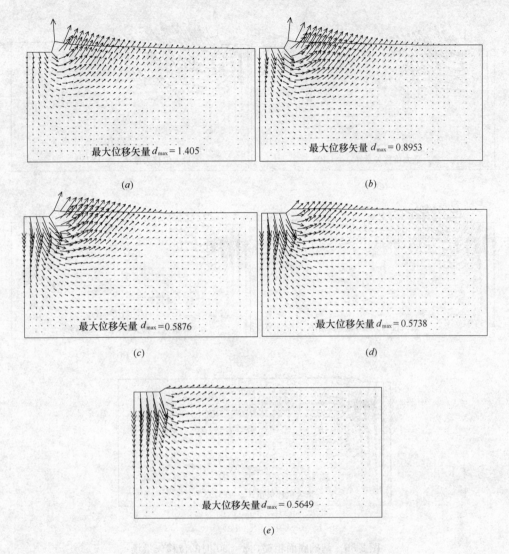

图 2-35　基础底面光滑，$\varphi = 30°$ 时的位移矢量场

(a) $\psi = \varphi$；(b) $\psi = 3\varphi/4$；(c) $\psi = \varphi/2$；(d) $\psi = \varphi/4$；(e) $\psi = 0$

0.5876m，如图 2-36 (c) 所示；当 $\psi = 7.5°$ 时，最大位移矢量 $d_{max} = 0.5445$m，如图 2-36 (d) 所示；当 $\psi = 0°$ 时，最大位移矢量 $d_{max} = 0.5738$m，如图 2-36 (e) 所示。剪胀角越大，最大位移也就越大，当剪胀角取到最大值（即 $\psi = \varphi$）时，相应的位移最大值也达到最大值（即 1.405m）；当剪胀角取 $\psi = 7.5°$ 时，相应的位移最大值达到 0.5445m。位移矢量图表示了在基础底面粗糙时随着剪胀角的大小从 $\varphi$ 变化到 $3\varphi/4$，$\varphi/2$，$\varphi/4$ 和 0 的变化过程中，土体的不同的本构行为。

图 2-35 和图 2-36 分别表示基础底面光滑与粗糙时，当 $\varphi = 30°$，随着 $\psi = \varphi$，$3\varphi/4$，$\varphi/2$，$\varphi/4$，0 的变化，基础下土体的位移矢量场。当剪胀角越大时，土体的位移被约束在土体的外边缘附近处越是显著，如图 2-35 (a) 和图 2-36 (a) 所示。土体的位移随着剪胀角 $\psi$ 的减小而减小，如图 2-35 (b) ～ (e) 和图 2-36 (b) ～ (e) 所示。不仅如此，我们

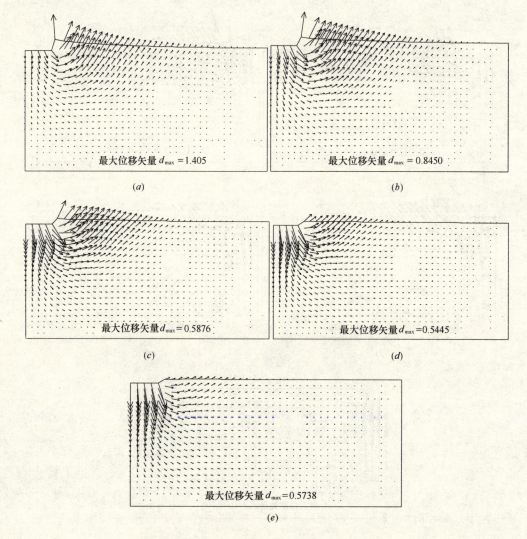

图 2-36　基础底面粗糙，$\varphi = 30°$时的位移矢量场

(a) $\psi=\varphi$; (b) $\psi=3\varphi/4$; (c) $\psi=\varphi/2$; (d) $\psi=\varphi/4$; (e) $\psi=0$

可以看出，由于在半域右侧边界处和底面边界上没有显著的位移出现，所以图 2-35 (b) ～ (e) 和图 2-36 (b) ～ (e) 也同时表示：在利用有限差分法计算时，选用该例中的比例来确定该半域作为模拟计算区域是满足边界条件要求的。

图 2-37～图 2-38 是用来描述相应于图 2-35～图 2-36 中的位移矢量场的最大剪切应变状态等值线图。图中表明在受到来自上面刚性基础的载荷作用下，基础下土体的剪切应变的发展变化历程。受剪切区域的面积大小随着剪胀角 $\psi$ 的减小（非相关性的增加）而减小。当剪胀角最大，即 $\psi=\varphi$ 时，剪切破坏区域的破坏机理与 Prandtl 和 Terzaghi 用解析法解答条形基础的极限承载力时的破坏机理相似。Prandtl 和 Terzaghi 在解答条形基础的极限承载力时，基础下面也会出现一个刚性楔形三角区和一个外邻基础边缘的紧靠着它的放射状剪切区。与此相反，当 $\psi=0$ 时，如图 2-37 (e) 和图 2-38 (e) 中所示，基础下面的楔形三角区与紧邻它的放射状区域与 Prandtl 和 Terzaghi 应用的方法不同。

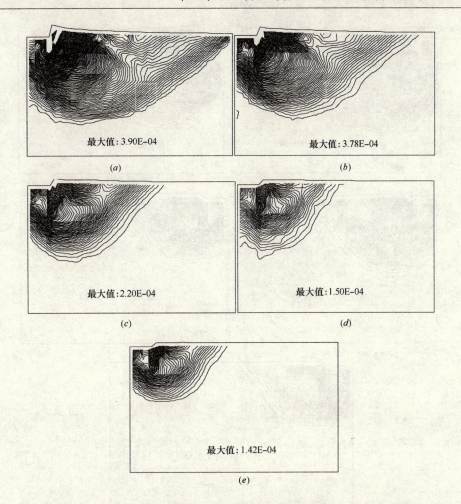

图 2-37　当 $\varphi = 30°$ 基础底面光滑的圆形基础最大剪切应变率等值线图
(a) $\psi=\varphi$; (b) $\psi=3\varphi/4$; (c) $\psi=\varphi/2$; (d) $\psi=\varphi/4$; (e) $\psi=0$

用有限差分方法分别对基础底面光滑和基础底面粗糙的圆形基础的极限承载力系数 $N'_c$，$N'_q$ 和 $N'_\gamma$ 的值进行了计算，所计算结果见表 2-1~表 2-3 所示。

表面光滑和表面粗糙两种情况下圆形基础极限承载力系数 $N'_c$　　　表 2-1

| $\varphi°$ | $N'_c$ | | | | | | | | | |
|---|---|---|---|---|---|---|---|---|---|---|
| | 表面光滑 | | | | | 表面粗糙 | | | | |
| | $\psi=\varphi$ | $\psi=3\varphi/4$ | $\psi=\varphi/2$ | $\psi=\varphi/4$ | $\psi=0$ | $\psi=\varphi$ | $\psi=3\varphi/4$ | $\psi=\varphi/2$ | $\psi=\varphi/4$ | $\psi=0$ |
| 5° | 8.7 | 8.5 | 8.4 | 8.2 | 7.9 | 9.2 | 9.1 | 9.0 | 8.7 | 8.5 |
| 10° | 11.6 | 11.5 | 11.3 | 11.0 | 10.2 | 12.4 | 12.2 | 12.1 | 12.0 | 10.7 |
| 15° | 15.1 | 14.8 | 14.6 | 14.4 | 14.1 | 16.8 | 16.3 | 16.0 | 15.8 | 13.4 |
| 20° | 19.7 | 19.5 | 19.4 | 19.2 | 19.1 | 22.5 | 22.2 | 22 | 21.9 | 21.7 |
| 25° | 32.3 | 32.1 | 31.8 | 31.2 | 30.5 | 39 | 37.9 | 37.3 | 37.1 | 35.6 |
| 30° | 47 | 46 | 44.3 | 44.0 | 41 | 67 | 65 | 62 | 57 | 54.9 |
| 35° | 86 | 83 | 81 | 79 | 78 | 112 | 111 | 107 | 103 | 91 |
| 40° | 164 | 160 | 152 | 149 | 125 | 188 | 185 | 165 | 162 | 137 |
| 45° | 327 | 321 | 280 | 276 | 182 | 418 | 389 | 313 | 287 | 204 |

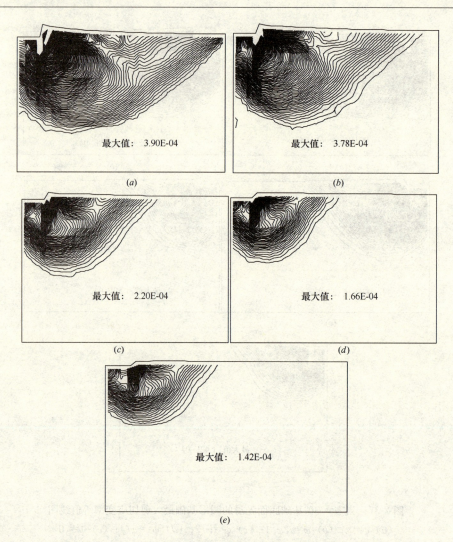

图 2-38 当 $\varphi=30°$ 基础底面粗糙的圆形基础最大剪切应变率等值线图
(a) $\psi=\varphi$;(b) $\psi=3\varphi/4$;(c) $\psi=\varphi/2$;(d) $\psi=\varphi/4$;(e) $\psi=0$

表面光滑和表面粗糙两种情况下圆形基础极限承载力系数 $N'_q$    表 2-2

| $\varphi°$ | $N'_q$ | | | | | | | | | |
|---|---|---|---|---|---|---|---|---|---|---|
| | 表面光滑 | | | | | 表面粗糙 | | | | |
| | $\psi=\varphi$ | $\psi=3\varphi/4$ | $\psi=\varphi/2$ | $\psi=\varphi/4$ | $\psi=0$ | $\psi=\varphi$ | $\psi=3\varphi/4$ | $\psi=\varphi/2$ | $\psi=\varphi/4$ | $\psi=0$ |
| 5° | 1.6 | 1.59 | 1.57 | 1.53 | 1.46 | 1.65 | 1.63 | 1.62 | 1.60 | 1.58 |
| 10° | 2.6 | 2.54 | 2.48 | 2.41 | 2.38 | 2.74 | 2.73 | 2.71 | 2.68 | 2.64 |
| 15° | 4.5 | 4.4 | 4.2 | 4.08 | 3.69 | 4.71 | 4.66 | 4.6 | 4.48 | 4.37 |
| 20° | 6.7 | 6.5 | 6.4 | 6.2 | 5.63 | 8.27 | 8.23 | 8.17 | 8.09 | 7.96 |
| 25° | 10.8 | 10.2 | 9.8 | 9.5 | 8.98 | 15.14 | 15.0 | 14.85 | 14.74 | 14.53 |
| 30° | 18.9 | 18.1 | 17.3 | 16.7 | 15.3 | 29.1 | 28.9 | 28.4 | 28.0 | 27.61 |
| 35° | 34.1 | 32.9 | 30.6 | 28.2 | 26.4 | 60.4 | 59.9 | 58.7 | 56.2 | 54.0 |
| 40° | 65.4 | 63.2 | 61.5 | 58.7 | 54.9 | 136.6 | 135 | 133.2 | 131.2 | 129.8 |
| 45° | 138 | 135 | 129 | 124 | 119 | 348 | 345 | 341 | 336 | 321 |

表面光滑和表面粗糙两种情况下圆形基础极限承载力系数 $N'_\gamma$       表 2-3

| $\varphi°$ | $N'_\gamma$ | | | | | | | | | |
|---|---|---|---|---|---|---|---|---|---|---|
| | 表面光滑 | | | | | 表面粗糙 | | | | |
| | $\psi=\varphi$ | $\psi=3\varphi/4$ | $\psi=\varphi/2$ | $\psi=\varphi/4$ | $\psi=0$ | $\psi=\varphi$ | $\psi=3\varphi/4$ | $\psi=\varphi/2$ | $\psi=\varphi/4$ | $\psi=0$ |
| 5° | 0.06 | 0.059 | 0.053 | 0.05 | 0.04 | 0.76 | 0.71 | 0.67 | 0.58 | 0.51 |
| 10° | 0.22 | 0.21 | 0.2 | 0.17 | 0.13 | 1.38 | 1.26 | 1.19 | 1.02 | 0.96 |
| 15° | 0.73 | 0.71 | 0.69 | 0.62 | 0.48 | 2.89 | 2.72 | 2.03 | 1.86 | 1.74 |
| 20° | 1.7 | 1.65 | 1.6 | 1.5 | 1.4 | 5.68 | 5.48 | 5.23 | 4.95 | 4.63 |
| 25° | 3.2 | 3.1 | 2.97 | 2.75 | 2.6 | 11.23 | 10.77 | 10.42 | 9.20 | 8.93 |
| 30° | 7.3 | 7.0 | 6.89 | 6.74 | 6.4 | 23.4 | 22.3 | 20.1 | 18.8 | 16.2 |
| 35° | 22 | 20.5 | 20 | 19.3 | 19 | 48.6 | 46.8 | 44 | 41.6 | 34 |
| 40° | 61 | 59 | 54 | 50 | 47 | 143 | 127 | 117 | 91 | 74 |
| 45° | 189 | 183 | 161 | 142 | 127 | 472 | 446 | 391 | 306 | 207 |

**2. 有限元分析法**

1) 基本原理

有限单元法的基本思想是对一个连续体用有限个坐标或自由度来近似地加以描绘。一个离散化的结构由许多结构单元组成,这些单元仅在有限个结点上彼此铰结。每一单元所受的已知体力和面力都按静力等效原则移置到结点上,成为结点荷载。计算通常采用位移法,取结点的未知位移分量 $\{\pmb{\delta}\}^e$ 为基本未知量。为了在求得结点位移后可求得应力,必须建立单元中应力与结点位移的关系,由应力转换矩阵 $[\pmb{S}]$ 表达。

首先利用弹性力学的几何方程写出单元应变与结点位移的关系矩阵,即:

$$\{\pmb{\varepsilon}\}^e = [\pmb{B}]\{\pmb{\delta}\}^e \tag{2-32}$$

式中 $\{\pmb{\varepsilon}\}^e$ 为单元应变;$[\pmb{B}]$ 为应变矩阵。

由材料的本构关系(即物理方程),得到单元弹性矩阵 $[\pmb{D}]$,从而推出单元应力表达式:

$$\{\pmb{\sigma}\}^e = [\pmb{D}]\{\pmb{\varepsilon}\}^e = [\pmb{D}][\pmb{B}]\{\pmb{\delta}\}^e = [\pmb{S}]\{\pmb{\delta}\}^e \tag{2-33}$$

式中,$[\pmb{S}] = [\pmb{D}][\pmb{B}]$。

考虑结点平衡求得单元结点力与结点位移的关系,由矩阵 $[\pmb{k}]^e$ 表示,称单元刚度矩阵。根据虚功原理或最小势能原理(平衡条件),可导出用结点位移表示结点力的表达式

$$\{\pmb{F}\}^e = \iiint [\pmb{B}]^T[\pmb{D}][\pmb{B}]dxdydz\{\pmb{\delta}\}^e = [\pmb{k}]^e\{\pmb{\delta}\}^e \tag{2-34}$$

其中,单元刚度矩阵

$$\{\pmb{k}\}^e = \iiint [\pmb{B}]^T[\pmb{D}][\pmb{B}]dxdydz = [\pmb{B}]^T[\pmb{D}][\pmb{B}]V \tag{2-35}$$

利用虚功原理(或变分原理)可同时导出单元等效结点力 $\{\pmb{F}\}^e$。

有限元法是应用局部的近似解来建立整个定义域的解的一种方法。先把注意力集中在单个单元上,进行上述所谓的单元分析。基本前提是每一单元要尽可能小,以致其边界值在整个边界上的变化也是小的。这样,边界条件就能取某一在结点间插值的光滑函数来近似,在单元内也容易建立简单的近似解。因此,比起经典的近似法,有限元法具

有明显的优越性。比如经典的 Ritz 法，要求选取一个函数来近似描述整个求解区域中的位移，并同时满足边界条件，这是相当困难的。而有限元法采用分块近似，只需对一个单元选择一个近似位移函数，且不必考虑位移边界条件，只须考虑单元之间位移的连续性即可。对于具有复杂几何形状或材料、荷载有突变的实际结构，不仅处理简单，而且合理适宜。

在经逐个单元（逐个结点）叠加并予以集合（整体分析）后，生成结构刚度矩阵 $[k]$（也称总刚）、荷载列阵 $\{F\}$ 和结构结点位移列阵 $\{\delta\}$，利用平衡条件建立表达结构的力—位移的关系式，即所谓结构刚度方程：

$$[k]\{\delta\} = \{F\} \tag{2-36}$$

考虑几何边界条件作适当修改后，求解上式所示的高阶线性代数方程组，得到结构所有的未知结点位移（同矩阵位移法）。最后利用（2-33）式和已求出的结点位移计算各个单元的应力，并经后处理软件整理、显示计算结果，单元内任一点位移与结点位移的关系，则由所选定的位移模式确定。

2) Mohr—Coulomb 模型

Mohr—Coulomb 模型为弹-理想塑性模型，其应力—应变关系如图 2-39 所示。将多组导致材料破坏的有效应力绘成 Mohr 圆，如图 2-40 所示，可得到 Mohr 破坏包络线，其方程可由下式表示：

$$\tau_f = c' + \sigma'_{hf}\tan\varphi' \tag{2-37}$$

式中 $\tau_f$——破坏面上的剪应力；

$\sigma'_{hf}$——破坏面上的有效正应力；

$c'$——有效黏聚力；

$\varphi'$——有效内摩擦角。

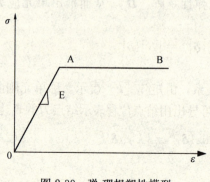

图 2-39 弹-理想塑性模型

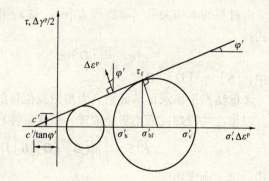

图 2-40 有效应力 Mohr 圆

图 2-40 的 Mohr 圆中，$\sigma'_1 = \sigma'_v$，$\sigma'_3 = \sigma'_h$，因此式（2-37）可写成

$$\sigma'_1 - \sigma'_3 = 2c'\cos\varphi' + (\sigma'_1 + \sigma'_3)\sin\varphi' \tag{2-38}$$

方程（2-38）常称为破坏准则，将破坏准则作为屈服函数，则 Mohr 屈服函数为：

$$F(\{\sigma'\},\{k\}) = \sigma_1 - \sigma_3 - 2c'\cos\varphi' - (\sigma'_1 + \sigma'_3)\sin\varphi' \tag{2-39}$$

式（2-39）可采用应力不变量来表示，则可写成：

$$F(\{\boldsymbol{\sigma}'\}, \{k\}) = J - (\frac{c'}{\tan\varphi'} + p') \frac{\sin\varphi'}{\cos\theta + \frac{\sin\theta\sin\varphi'}{\sqrt{3}}} = 0 \qquad (2\text{-}40)$$

式（2-40）所表示的屈服函数在有效主应力空间中为一不规则的六棱锥，如图 2-41 所示。Mohr-Coulomb 模型为理想塑性，因此既无硬化也无软化，从而状态参数 $\{k\} = \{c', \varphi'\}^T$ 为常数。采用相关联流动法则时，塑性势函数与屈服函数相等，即：$F(\{\boldsymbol{\sigma}'\}, \{k\}) = P(\{\boldsymbol{\sigma}'\}, \{m\})$。

从图 2-40 可以看出，塑性应变增量向量与竖直方向的夹角为 $\varphi'$，这会产生塑性体应变的剪胀。在这种情况下，定义剪胀角（见图 2-42）：

$$\psi = -\sin^{-1}(\frac{\Delta\varepsilon_1^p + \Delta\varepsilon_3^p}{\Delta\varepsilon_1^p - \Delta\varepsilon_3^p}) \qquad (2\text{-}41)$$

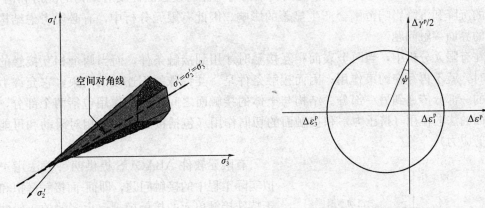

图 2-41 主应力空间中的 Mohr-Coulomb 屈服面　　图 2-42 塑性应变与剪胀角

采用相关联流动法则时，可以证明式（2-41）表示的剪胀角与内摩擦角相等，即 $\psi = \varphi'$。但这会带来两个问题：一是导致塑性体应变较实际情况偏大，这个问题可以采用不相关联流动法则来改善；二是土体一旦屈服后就永远处于剪胀状态，使得土体的体应变随着塑性应变的增大而增大，与实际情况不相符合，对于这个问题可以考虑允许剪胀角随着塑性应变的变化而变化。

在有了屈服函数和塑性势函数后，采用链式求导法则即可求出：

$$\frac{\partial F(\{\sigma'\}, \{k\})}{\partial \sigma'} = \frac{\partial F(\{\sigma'\}, \{k\})}{\partial p'} \frac{\partial p'}{\partial \sigma'} + \frac{\partial F(\{\sigma'\}, \{k\})}{\partial J} \frac{\partial J}{\partial \sigma'} + \frac{\partial F(\{\sigma'\}, \{k\})}{\partial \theta} \frac{\partial \theta}{\partial \sigma'}$$

$$\frac{\partial P(\{\sigma'\}, \{m\})}{\partial \sigma'} = \frac{\partial P(\{\sigma'\}, \{m\})}{\partial p'} \frac{\partial p'}{\partial \sigma'} + \frac{\partial P(\{\sigma'\}, \{m\})}{\partial J} \frac{\partial J}{\partial \sigma'} + \frac{\partial P(\{\sigma'\}, \{m\})}{\partial \theta} \frac{\partial \theta}{\partial \sigma'}$$

$$(2\text{-}42)$$

其中

$$p' = (\sigma_1' + \sigma_2' + \sigma_3')/3$$

$$J = \frac{1}{\sqrt{6}} \sqrt{(\sigma_1' - \sigma_2')^2 + (\sigma_2' - \sigma_3')^2 + (\sigma_3' - \sigma_1')^2}$$

$$\theta = \tan^{-1}(\frac{1}{\sqrt{3}}(2\frac{\sigma_2' - \sigma_3'}{\sigma_1' - \sigma_3'} - 1)) \qquad (2\text{-}43)$$

式中，$\partial p'/\partial \sigma'$、$\partial J/\partial \sigma'$、$\partial \theta/\partial \sigma'$ 可通过对式（2-43）求导得到。

当采用相关联流动法则时，$\partial F(\{\sigma'\},\{k\})/\partial p' = \partial P(\{\sigma'\},\{m\})/\partial p'$、$\partial F(\{\sigma'\},\{k\})/\partial J = \partial P(\{\sigma'\},\{m\})/\partial J$、$\partial F(\{\sigma'\},\{k\})/\partial \theta = \partial P(\{\sigma'\},\{m\})/\partial \theta$，从而可确定式（2-42），进而可得到 Mohr-Coulomb 模型的弹塑性本构矩阵。

Mohr-Coulomb 模型有五个参数，即控制弹性行为的两个参数：弹性模量 E 和泊松比 $\nu$，及控制塑性行为的三个参数：摩擦角 $\varphi'$，黏聚力 $c'$ 和剪胀角 $\psi$。

Mohr-Coulomb 模型可以大体上描述土体的变形行为，较好地描述土体的破坏行为，因此适合于堤坝、边坡等稳定性问题的分析。

3）结构与土体的接触算法

当结构与土体接触时，在一定的受力条件下接触面之间可能发生相对滑移，这使得结构与土接触面间的力学行为非常复杂。结构与土体的接触面性质对结构的变形和内力、土体的沉降和沉降影响范围会产生显著的影响。因此有限元分析中，有必要考虑结构与土体的界面接触问题。

在有限元分析中，当两个表面相互接触时才用到接触条件，而当两个相互接触的面分开时，就不再存在约束作用；因而接触条件是一类特殊的不连续的约束，它允许力从模型的一部分传递到另一部分。结构与土体的接触面之间的相互作用包括两个部分，即接触面的法向作用（挤压力）和接触面的切向作用（包括接触面间的相对滑动和可能的摩擦剪应力）。

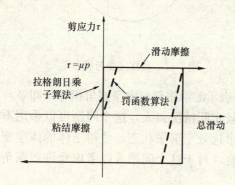

图 2-43 接触面的罚函数算法和拉格朗日乘子算法

有限元软件 ABAQUS 提供两种方法用于模拟实际工程中的接触问题，即面-面接触模拟和基于特殊接触单元的接触模拟。大多数的一般性接触问题可以由无厚度的面-面接触模型来模拟，而基于特殊接触单元的接触模拟主要用于某些特殊接触类型难以使用面-面接触模型来模拟的情况。面-面接触模型通常需要考虑以下因素：

（1）接触面算法。通常有罚函数算法和拉格朗日乘子算法。罚函数算法允许接触面在黏结状态下有很小的弹性相对滑动（图 2-43 的虚线所示），以近似处理接触面间无相对滑动的情况。经选择合理的允许弹性滑动量（一般只有单元特征长度非常小的部分那么大），罚函数算法可以取得计算效率和计算精度之间的良好平衡。拉格朗日乘子算法通过拉格朗日乘子的应用可以实现接触面在粘结状态下无相对滑动（图 2-43 的实线所示），从而准确模拟接触面间的粘结－滑移行为。但是采用拉格朗日乘子算法会大大增加计算成本和减弱计算收敛性。

（2）接触本构关系。每个接触相互作用必须调用接触属性，即接触的本构关系。一般采用有限滑动的库仑摩擦模型来模拟墙与土体之间的摩擦。

在库仑摩擦模型中，2 个接触面在开始相互滑动之前，在其界面上会产生等效剪应力 $\tau_{eq}$：

$$\tau_{eq} = \sqrt{\tau_1^2 + \tau_2^2} \tag{2-44}$$

其中，$\tau_1$ 为接触面上 1 方向上的剪切（摩擦）应力；$\tau_2$ 为接触面上 2 方向上的剪切（摩擦）应力。

临界剪应力与法向接触应力 $p$ 成正比，表示为：

$$\tau_{crit} = \mu p \tag{2-45}$$

其中，$\mu$ 为摩擦系数。

对临界剪应力设置极限剪应力，则可表示为：

$$\tau_{crit} = \min(\mu p, \tau_{max}) \tag{2-46}$$

其中，$\tau_{max}$ 为极限剪应力，对于连续墙与土体的共同作用问题，$\tau_{max}$ 相当于连续墙的极限侧摩阻力。

当接触面上的等效剪切应力超过临界剪应力时，接触面之间开始发生相对滑动，如图 2-44 所示。

4）大变形问题

任意拉格朗日-欧拉（ALE）方法由于其计算网格可以在空间中以任意形式运动，即可以独立于物质坐标系和空间坐标系运动，通过规定合适的网格运动形式可以准确地描述物体的移动界面，并维持单元的合理形状，已被应用于求解大变形问题。

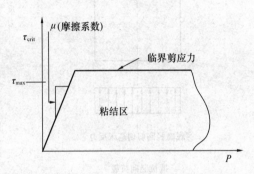

图 2-44 库仑摩擦特性

## 第二节 下沉稳定性计算

### 一、稳定计算原理

在给定的或者计算得出的荷载作用下，沉箱不应该出现承载力不足、倾斜、滑动、过大变形等，因此，将地基与沉箱向简化的模型转换，将荷载施加在简化模型上，进行基础的稳定性判断，这种计算过程称为稳定计算（验算）。通过稳定计算可以确定基础的平面尺寸及埋深等指标。

沉箱基础稳定计算简化模型由反映基础本身刚性的梁构件及反映地基变形性质的弹簧（地基反力系数）构成，作用在该模型上的荷载有竖向荷载 $V_0$，水平荷载 $H_0$，弯矩 $M_0$，通过稳定计算确保沉箱基础的稳定性。沉箱基础的受力原理图如图 2-45 所示。

在荷载作用下的地基抵抗反力包括：

（1）对于竖向荷载 $V_0$ 仅有基础底面竖向地基反力抵抗，如图 2-45（a）所示；

（2）对于水平荷载 $H_0$ 和弯矩 $M_0$，由正面水平地基反力，侧面水平剪切地基反力，周边竖向剪切地基反力，底面竖向地基反力和底面水平剪切地基反力组成。其中的周边竖向剪切地基反力是指沉箱周边四个面的竖向剪切地基反力，如图 2-45（b）所示。

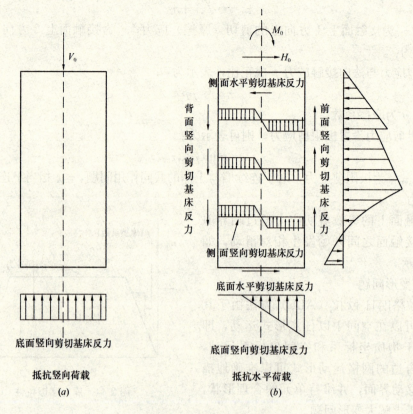

图 2-45 沉箱基础受力原理图
(a) 抵抗竖向荷载；(b) 抵抗水平荷载

## 二、地基参数的确定

稳定计算模型如图 2-46 所示，地基抵抗用地基反力系数表示，从而将地基简化成弹性地基，沉箱主体结构看成支撑在该弹性地基上的有限长梁。关于基础周边的地基抵抗反力（见图 2-47），根据对荷载作用的抵抗效果大小考虑 6 种地基反力系数，6 种地基反力系数分别为：(1) 基础底面竖向剪切地基反力系数 $K_V$；(2) 基础底面水平方向剪切地基反力系数 $K_S$；(3) 基础前面水平方向剪切地基反力系数 $K_H$；(4) 基础侧面水平方向剪切地基反力系数 $K_{SHD}$；(5) 基础前背面竖向剪切地基反力系数 $K_{SVB}$；(6) 基础侧面竖向剪切地基反力系数 $K_{SVD}$。

**1. 基础底面竖直方向剪切地基反力系数 $K_V$：**

$$K_V = k_{k0} (B_v/0.3)^{-\frac{3}{4}} \tag{2-47}$$

式中 $K_V$——底面竖直方向地基反力系数（$kN/m^3$）；

$k_{k0}$——直径 30cm 刚性圆盘平板载荷试验相应的底面竖直方向剪切地基反力系数（$kN/m^3$）；

$B_v$——箱体底面换算宽度（m），$B_v = \sqrt{A_v}$，（$A_v$ 箱体竖直方向荷载面积，$m^2$）。

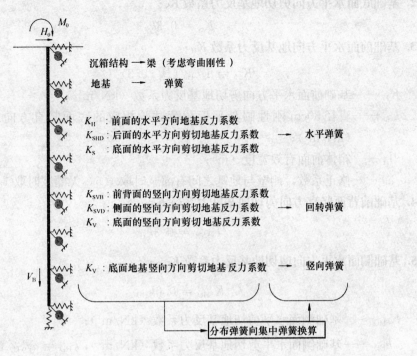

图 2-46 稳定计算模型

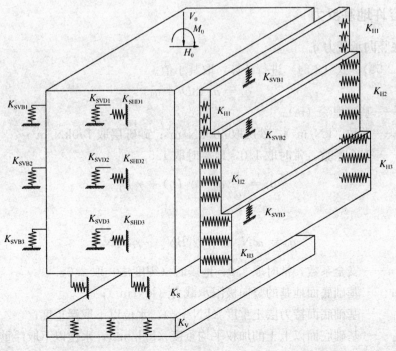

图 2-47 地基抵抗要素

**2. 基础底面水平方向剪切地基反力系数 $K_S$：**

$$K_S = 0.3k_v \tag{2-48}$$

**3. 基础前面水平方向地基反力系数 $K_H$：**

$$K_H = a_k k_{H0} (B_H/0.3)^{-\frac{3}{4}} \tag{2-49}$$

式中　$K_H$——基础前面水平方向剪切地基反力系数（$kN/m^3$）；

$k_{H0}$——直径 30cm 刚性圆盘平板载荷试验相应的底面竖直方向地基反力系数（$kN/m^3$）；

$B_H$——箱体前面有效宽度（m）；

$a_k$——修正系数，侧壁与地基之间有灌浆时取 1.5，无灌浆时取 1.0。

**4. 基础前背面竖直方向剪切地基反力系数 $K_{SVB}$：**

$$K_{SVB} = 0.3k_H \tag{2-50}$$

**5. 基础侧面水平方向剪切地基反力系数 $K_{SHD}$：**

$$K_{SHD} = 0.6k_{HD} \tag{2-51}$$

式中　$K_{SHD}$——基础侧面水平剪切地基反力系数（$kN/m^3$）；

$k_{HD}$——基础侧面水平剪切地基反力系数（$kN/m^3$），$k_{HD} = a_k k_{H0} (D_H/0.3)^{-\frac{3}{4}}$。

**6. 基础侧面竖直方向剪切地基反力系数 $K_{SVD}$：**

$$K_{SVD} = 0.3k_{HD} \tag{2-52}$$

### 三、容许地基反力

**1. 基底竖向承载力 $q_a$**

按式（2-53）、式（2-54）进行计算，取其小值。

$$q_a = n(48D_f + q_0) \tag{2-53}$$

式中　$D_f$——基础埋深（m）；

$q_0$——常数（$kN/m^2$），砂层取 $400kN/m^2$；砂砾层取 $700kN/m^2$；

$n$——安全系数，常时取 1.0，地震时取 1.5。

$$q_a = \frac{1}{n}(q_d - \gamma_2 D_f) + \gamma_2 D_f \tag{2-54}$$

其中

$$q_d = \alpha c N_c + \frac{1}{2}\beta \gamma_1 B N_\gamma + \gamma_2 D_f N_q \tag{2-55}$$

式中　$n$——安全系数，常时取 3.0，地震时（震度法）取 2.0；

$q_d$——基础底面地基的竖向极限承载力（$kN/m^2$）；

$\gamma_1$——基础底面持力层土重度（$kN/m^3$），水位以下取浮重度；

$\gamma_2$——基础底面以上土的加权平均重度（$kN/m^3$），水位以下取浮重度；

$c$——基础底面土的黏聚力（kPa）；

$B$——基础宽度（m）；

$\alpha$，$\beta$——基础底面的形状系数，正方形底面 $\alpha=1.3$，$\beta=0.8$；圆形底面 $\alpha=1.3$，$\beta=1.2$；

$N_c$，$N_\gamma$，$N_q$——承载力系数。

**2. 基础底面地基容许剪切抵抗力 $H_a$**

基础底面地基容许剪切抵抗力按下式进行计算：

$$H_a = \frac{H_u}{n} \tag{2-56}$$

其中

$$H_u = c_B A_e + V_B \tan\varphi_B \tag{2-57}$$

式中 $H_u$——在基础底面与地基之间作用的剪切抵抗力（kN）；

$H_a$——在基础底面与地基之间作用的容许剪切抵抗力（kN）；

$V_B$——作用在基础底面的竖向力（kN）；

$A_e$——基础底面的有效载荷面积（m²）；

$c_B$——基础底面与地基之间的黏聚力（kPa），通常取 $c_B=0.0$；

$\varphi_B$——基础底面与地基之间的摩擦角（°），通常取 $\varphi_B=\dfrac{2\varphi}{3}$；

$n$——安全系数，常时=1.5；地震时（震度法）=1.2。

**3. 稳定计算方法**

由于地基侧面会出现塑性区域，地基底面有可能存在上浮情况，地基弹簧系数要反复修正，直到地基反力在允许值内，计算量非常大，必须通过编程来进行稳定性计算。

在不允许基础主体结构出现塑性变形情况下，稳定计算模型如图 2-48 所示，将沉箱结构看成是弹性地基上的有限长梁，并在各个节点装上弹簧的模型。坐标系选取原则是：取沉箱顶板上端与设计地表面中较低的作为坐标系原点，$x$ 轴的正方向向下，模型的节点编号以原点为开始点沿着 $x$ 轴依次编为 1，2，3，4，…，$n+1$，按照矩阵位移法进行求解。

沉箱基础包括箱体自重在内的长期竖向荷载作用下，原则上认为仅由底面地基承担，在计算上不再产生周面竖向反力，即不考虑由此引起的基础竖直方向的位移。

1）弹簧参数确定

由于基础前面和侧面的塑性变形、基础底面的浮力等，需要对弹簧系数进行折减处理和反复验算。

(1) 水平弹簧系数的求解公式：

$$K_{Mi} = K_{Hi} B_e l_i \tag{2-58}$$

$$K_{Fi} = 2K_{SHDi} D_e l_i \tag{2-59}$$

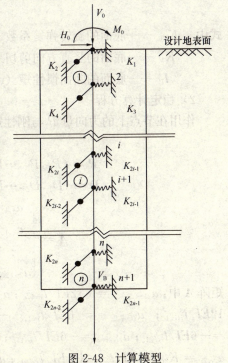

图 2-48 计算模型

式中　$K_{Mi}$——节点 $i$ 前面水平弹簧系数（kN/m）；
　　　$K_{Hi}$——节点 $i$ 前面水平方向剪切地基反力系数（kN/m³）；
　　　$K_{Fi}$——节点 $i$ 侧面水平弹簧系数（kN/m）；
　　　$K_{SHDi}$——节点 $i$ 侧面水平剪切地基反力系数（kN/m³）；
　　　$B_e, D_e$——基础有效宽度和长度（m）；
　　　$l_i$——计算节点 $i$ 时考虑的地基厚度。

(2) 旋转弹簧的换算方法按下式：

$$K_{ZRi} = \frac{1}{2} K_{SVBi} D_e^2 B_e l_i \tag{2-60}$$

$$K_{FRi} = \frac{1}{6} K_{SVDi} D_e^3 l_i \tag{2-61}$$

式中　$K_{ZRi}$——节点 $i$ 前后面旋转弹簧系数（kN/m）；
　　　$K_{SVBi}$——节点 $i$ 前后面竖向剪切地基反力系数（kN/m³）；
　　　$K_{FRi}$——节点 $i$ 侧面旋转弹簧系数（kN/m）；
　　　$K_{SVDi}$——节点 $i$ 侧面竖向剪切地基反力系数（kN/m³）。

(3) 底面地基弹簧参数按下式：

$$K_{BS} = K_S A \tag{2-62}$$

式中　$K_{BS}$——底面水平弹簧系数（kN/m）；
　　　$K_S$——底面水平方向剪切地基反力系数（kN/m³）；
　　　$A$——基础底面有效面积（m²）。

(4) 底面地基旋转地基弹簧系数按下式：

$$K_{Rb} = K_V I_B \tag{2-63}$$

式中　$K_{Rb}$——底面的旋转弹簧系数（kN/m）；
　　　$K_V$——底面的竖直方向剪切地基反力系数（kN/m³）；
　　　$I_B$——底面的断面惯性矩（m⁴）。

2) 稳定计算方程

作用在节点上的力向量 $P$ 与刚性矩阵 $A$ 以及节点位移 $D$ 的关系可用下式表达：

$$\boldsymbol{P} = \boldsymbol{A} \times \boldsymbol{D} \tag{2-64}$$

$$\boldsymbol{P} = (P_1, P_2, \cdots P_{2i-1}, P_{2i}, \cdots, P_{2(n+1)-1}, P_{2(n+1)})^\mathrm{T} \tag{2-65}$$

$$\boldsymbol{D} = (D_1, D_2, \cdots D_{2i-1}, D_{2i}, \cdots, D_{2(n+1)-1}, D_{2(n+1)})^\mathrm{T} \tag{2-66}$$

$$\boldsymbol{A} = \begin{bmatrix} a_{1,1} & a_{1,12} & \cdots & a_{1,2n+2} \\ a_{2,1} & a_{2,2} & \cdots & a_{2,2n+2} \\ \vdots & \vdots & \vdots & \vdots \\ a_{2n+2,1} & a_{2n+2,2} & \cdots & a_{2n+2,2n+2} \end{bmatrix} \tag{2-67}$$

矩阵 $\boldsymbol{A}$ 中：$a_{2i-1,2i-3} = -12EI/l_{i-1,i}^3$；$a_{2i-1,2i-2} = 6EI/l_{i-1,i}^2$；$a_{2i-1,2i-1} = K_{2i-1} + 12EI/l_{i-1,i}^3 + 12EI/l_{i,i+1}^3$；$a_{2i-1,2i} = 6EI/l_{i-1,i}^2 - 6EI/l_{i,i+1}^2$；$a_{2i-1,2i+1} = -12EI/l_{i,i+1}^3$；$a_{2i-1,2i+2} = -6EI/l_{i,i+1}^2$；$a_{2i,2i-3} = -6EI/l_{i-1,i}^2$；$a_{2i,2i-2} = 2EI/l_{i-1,i}$；$a_{2i,2i-1} = 6EI/l_{i-1,i}^2 - 6EI/l_{i,i+1}^2$；$a_{2i,2i} = K_{2i} + 4EI/l_{i-1,i} + 4EI/l_{i,i+1}$；$a_{2i,2i+1} = 6EI/l_{i,i+1}^2$；$a_{2i,2i+2} = 2EI/l_{i,i+1}$ (2-68)

式中　$P_{2i-1}$——作用在节点 $i$ 上的弯矩（kN·m），顺时针方向为正；

　　　$D_{2i-1}$——节点 $i$ 水平方向位移（m），向右为正；

　　　$D_{2i}$——节点 $i$ 的旋转角度（°），顺时针方向为正；

　　　$l_{i,j}$——第 $i$ 个节点与第 $j$ 个节点间考虑的距离；

　　　$K_{2i-1}$——节点 $i$ 处的水平弹簧系数，为节点 $i$ 处各水平弹簧系数之和；

　　　$K_{2i}$——节点 $i$ 处旋转弹簧系数，为节点 $i$ 处各旋转弹簧系数之和。

以上式中，忽略出现下标小于1或者大于 $2n+2$ 的项，$2i-1$ 行和 $2i$ 行其余系数为0。

3）方程的求解

(1) 节点位移按下式进行计算：

$$\boldsymbol{D} = \boldsymbol{A}^{-1}\boldsymbol{P} \tag{2-69}$$

(2) 地基反力强度计算公式如下：

$$\text{前面水平地基反力强度}:P_{Hi} = K_{Hi}D_{2i-1} \tag{2-70}$$

$$\text{侧面水平地基反力强度}:P_{Fi} = K_{Fi}D_{2i-1} \tag{2-71}$$

$$\text{前面竖向反力强度}:P_{ZRi} = \frac{1}{2}K_{SVBi}D_eD_{2i} \tag{2-72}$$

$$\text{侧面最大竖向反力强度}:P_{FRi} = \frac{1}{2}K_{SVDi}D_eD_{2i} \tag{2-73}$$

$$\text{底面最大竖向反力强度}:q_{\max} = \frac{1}{2}K_vD_eD_{2n+2} \tag{2-74}$$

$$\text{底面水平反力强度}:H = K_SD_{2n+1} \tag{2-75}$$

(3) 沉箱深度方向产生的断面力按下式计算：

$$\boldsymbol{F}_i = \boldsymbol{A}_i \times \boldsymbol{D}_i \tag{2-76}$$

$$\boldsymbol{D}_i = (D_{2i-1}, D_{2i}, D_{2i+1}, D_{2i+2})^T \tag{2-77}$$

$$\boldsymbol{F}_i = (F_{i,1}, F_{i,2}, F_{i,3}, F_{i,4})^T \tag{2-78}$$

式中　$F_{i,1}$——作用在节点 $i$ 端的水平力（kN），向右为正；

　　　$F_{i,2}$——作用在节点 $i$ 下端的弯矩（kN·m），顺时针方向为正；

　　　$F_{i,3}$——作用在节点 $(i+1)$ 上端的水平力（kN），向右为正；

　　　$F_{i,4}$——作用在节点 $(i+1)$ 上端的弯矩（kN·m），顺时针方向为正；

　　　$\boldsymbol{A}_i$——节点 $i$ 的刚性矩阵，即结构力学中的单刚矩阵。

(4) 由于不考虑竖直方向的位移，因此竖直方向的摩擦力为0。轴力可以根据力的平衡条件按照下式进行求解：

$$P_{1,1} = V_0 \tag{2-79}$$

$$P_{i,2} = -(P_{i,1} + i \times w_i) \tag{2-80}$$

$$P_{i+1,1} = -P_{i,2} \tag{2-81}$$

式中　$V_0$——作用在沉箱顶端的竖向荷载（kN）；

　　　$i$——节点编号（$i=1, 2, \cdots, n$）；

　　　$P_{i,1}$——作用在节点 $i$ 上端的轴力（kN），向下为正；

　　　$P_{i,2}$——作用在节点 $i$ 下端的轴力（kN），向下为正；

　　　$w_i$——沉箱单位长度的重量（kN）。

## 第三节 地震响应三维有限元分析

对沉箱结构进行三维抗震分析可为设计阶段对结构在地震作用下安全性能进行评估。由箱体的三维抗震计算,可获得位移和应力在地震作用下的最大响应。据此,可以绘出工程上关心的一系列结构内力和位移沿墙体横向、纵向分布曲线。在有限元计算中,通常采用施加体积荷载的方法来模拟地震动。将模型的节点分成两部分,一部分位于基岩上,另一部分不在基岩上,其中不在基岩上的部分用下标 1 表示,位于基岩上的部分用下标 2 表示,这样对于线性动力问题,运动方程可表示为:

$$\begin{bmatrix} M_{11} & M_{12} \\ M_{12}^T & M_{22} \end{bmatrix} \begin{bmatrix} \ddot{X}_1 \\ \ddot{X}_2 \end{bmatrix} + \begin{bmatrix} K_{11} & K_{12} \\ K_{12}^T & K_{22} \end{bmatrix} \begin{bmatrix} X_1 \\ X_2 \end{bmatrix} = \begin{bmatrix} R_1 \\ R_2 \end{bmatrix} \qquad (2\text{-}82)$$

式中,$X_1, X_2$ 表示各部分节点的位移矢量,$M, K$ 分别表示质量矩阵和刚度矩阵,$R_1, R_2$ 表示施加在各部分节点上的外部荷载(不包含地震荷载)。当基岩上各点具有相同的地震动时(用 $x_g, \ddot{x}_g$ 分别表示基岩的位移和加速度),这样可以令 $X_1 = u_1 + x_g$,$\ddot{X}_1 = \ddot{u}_1 + \ddot{x}_g$,$X_2 = u_2 + x_g$,$\ddot{X}_2 = \ddot{u}_2 + \ddot{x}_g$,其中 $u_1, u_2$ 分别表示各部分节点相对于基岩的相对位移,显然 $u_2 = 0$,这样式 2-82 可写成:

$$\begin{bmatrix} M_{11} & M_{12} \\ M_{12}^T & M_{22} \end{bmatrix} \left( \begin{bmatrix} \ddot{u}_1 \\ 0 \end{bmatrix} + \begin{bmatrix} \ddot{x}_g \\ \ddot{x}_g \end{bmatrix} \right)$$
$$+ \begin{bmatrix} K_{11} & K_{12} \\ K_{12}^T & K_{22} \end{bmatrix} \left( \begin{bmatrix} u_1 \\ 0 \end{bmatrix} + \begin{bmatrix} x_g \\ x_g \end{bmatrix} \right) = \begin{bmatrix} R_1 \\ R_2 \end{bmatrix} \qquad (2\text{-}83)$$

注意到 $\begin{bmatrix} K_{11} & K_{12} \\ K_{12}^T & K_{22} \end{bmatrix} \begin{bmatrix} x_g \\ x_g \end{bmatrix} = \begin{bmatrix} 0 \\ 0 \end{bmatrix}$,这样运动方程变为:

$$\begin{bmatrix} M_{11} & M_{12} \\ M_{12}^T & M_{22} \end{bmatrix} \begin{bmatrix} \ddot{u}_1 \\ 0 \end{bmatrix} + \begin{bmatrix} K_{11} & K_{12} \\ K_{12}^T & K_{22} \end{bmatrix} \begin{bmatrix} u_1 \\ 0 \end{bmatrix}$$
$$= \begin{bmatrix} R_1 \\ R_2 \end{bmatrix} - \begin{bmatrix} M_{11} & M_{12} \\ M_{12}^T & M_{22} \end{bmatrix} \begin{bmatrix} \ddot{x}_g \\ \ddot{x}_g \end{bmatrix} \qquad (2\text{-}84)$$

这样只要把各节点的位移看成相对于基岩的相对位移时,就可以将地基加速度作为体力施加到整个模型上进行计算。这种方法同样适用于非线性动力问题。

# 第三章 气压沉箱设计方法

## 第一节 总 体 设 计

沉箱结构的设计,重点要解决其在施工阶段和使用阶段中的强度、变形、稳定等安全性。施工阶段主要是指沉箱从制作开始至下沉至设计标高完成封底的过程,使用阶段主要是指沉箱已经封底充填、做好内部层板、隔墙以及上部结构或加盖后正式交付使用的阶段。通常,施工阶段的箱体结构实际处于其整体刚度最薄弱阶段,因此此阶段的计算很重要,不能认为其只是个临时受力过程而加以忽视。在两个阶段应进行的主要设计计算验算分析的内容有:

(1) 在施工阶段应进行结构内力强度计算验算和下沉验算;
(2) 在使用阶段应进行结构内力强度计算验算和裂缝验算;
(3) 施工阶段和使用阶段均应根据相应的最高水位作抗浮验算。

### 一、设计的基本思路

气压沉箱设计的基本思路包括以下几个方面的内容:

(1) 针对作用于气压沉箱主体结构的各种荷载,确定沉箱平面形式及尺寸,确保沉箱整体稳定性和地基安全;
(2) 针对气压沉箱建成后作为永久性地下建筑物,为了保证施工和使用阶段的安全,对构成气压沉箱主体结构的各构件进行计算;
(3) 针对气压沉箱具有主体结构在地上浇注后进行下沉的特点,结合施工过程中下沉方法,考虑下沉到预定深度的施工工况,进行下沉计算,同时根据下沉过程中的受力情况,进行各构件的承载力安全验算。

### 二、设计条件

为了保证气压沉箱设计的合理性,必须在设计前收集好设计需要的各种资料,沉箱的设计条件和所需提供的资料如表 3-1 所示。这些资料一般在计划调查阶段收集,如果调查不充分或资料有误,会给工期及工程成本带来很大影响。

**沉箱的设计条件和提供资料**　　　　表 3-1

| 设计条件 | 条件项目 | 细分项目 | 所需提供资料 |
| --- | --- | --- | --- |
| 地基 | 地层构成 | 地基层数,层厚,持力层位置 | 标准贯入试验,土质柱状图 |
| | 土质 | N 值,周围摩擦力系数,承载力 | 标准贯入试验,土质柱状图 |
| | 强度特性 | 密度,粘着力,摩擦角单轴压缩强度 | 室内土质试验(力学/物理实验) |

续表

| 设计条件 | 条件项目 | 细分项目 | 所需提供资料 |
|---|---|---|---|
| 地基 | 液化 | 抗震地面，地基参数折减率 | 室内土质试验（物理实验） |
| | 流动性 | 流动范围，流动力 | 室内土质试验（物理实验） |
| | 变形特性 | 变形系数，地基反力系数 | 现场原位试验（载荷试验） |
| | 压密特性 | 侧面负摩阻力 | 室内土质试验（力学试验） |
| | 孔隙水压 | 工作气压 | 孔隙水压试验 |
| 地形 | 设计地面 | 常时，施工时，刃脚就位时 | 计划河床，地下水位面 |
| | 周围地形 | 超载，基础上方填土重量 | 周边地形 |
| | 倾斜 | 地表面的倾斜度 | |
| | 地下水 | 常时，施工时 | 水位变动，地下水位测定 |
| 荷载 | 作用荷载 | 结构重量，土压力摩阻力，地基反力 | 结构形状，地质报告 |
| | 设计等级 | 混凝土等级，钢筋选型等 | |
| | 周边堆载 | 超载，基础上方填土重量 | 周边地形，地面高程 |
| 沉箱 | 形状 | 圆形，圆端形，矩形 | |
| | 平面尺寸 | 外包尺寸，深度等 | |
| | 构件尺寸 | 梁，板，刃脚等 | |
| 建筑材料 | 混凝土 | 设计标准强度，容许应力 | |
| | 钢筋 | 屈服应力，容许应力配筋的限制条件 | |
| | 钢材 | 屈服应力，容许应力，预应力 | |
| | 中空填料 | 水，土，砂 | |
| 施工期间 | 用地面积 | 沉箱外包平面尺寸 | 能够施工的场地 |
| | 就位地基 | 地基承载力 | |
| | 作业空间 | 浇筑分段长度，下沉计划 | 上空限制条件 |
| | 临近施工 | 下沉方法，平面尺寸 | 地表下沉的影响范围 |
| | 助沉 | 下沉荷载，降低摩阻力的方法 | 助沉工法 |
| 其他 | 气象、河象等 | 流速，波高，水位差等 | |

## 三、结构计算分析

气压沉箱结构在地上浇筑主体结构，在工作室内挖掘土体下沉至指定持力层。因此，在设计时需要考虑完成后的荷载状态；另外，在施工期间，根据地基条件，构造条件，施工条件的不同，作用的荷载也会发生较大的变化，因此构成沉箱构件的强度必须能够满足各种荷载状态的要求。表3-2为施工工况及使用工况所需计算的构件，并依此确定沉箱结构尺寸。

构 件 计 算 内 容　　　　　　　　　　　　　　　　　表 3-2

| 构件名称 | 检验状态 | 计算内容 | 确定尺寸 | 确定配筋 |
|---|---|---|---|---|
| 侧壁隔墙 | 施工工况<br>使用工况 | 按照水平方向和竖直方向断面计算，在水平方向将侧壁、隔墙简化成多跨连续梁或平面框架模型，按下沉过程中产生倾斜的状态，消除下沉荷载的状态等进行计算。在埋深方向根据稳定计算确定断面内力。另外，还需要进行下沉中悬在半空的状态进行计算。 | 侧壁厚<br>隔墙厚 | 水平筋<br>竖向筋 |
| 顶板 | 施工工况<br>使用工况 | 施工时简化为简支在侧壁上的板，竣工后简化为固定的悬臂梁进行计算。 | 顶板厚 | 上端筋<br>下端筋 |
| 顶板支撑部 | 使用工况 | 简化为以侧壁内面为固定端的悬臂梁进行计算，另外，在计算顶板的上浮时可以按照侧壁竖向方向的方法进行检验。 | 顶板支撑部高<br>支撑部厚 | 压顶筋<br>连接筋 |
| 胸墙 | 施工工况 | 简化为以胸墙根部为固定端的悬臂梁进行计算。 | 胸墙厚 | 竖向筋 |
| 工作室顶板 | 施工工况<br>使用工况 | 施工简化为以侧壁准固定端的板进行工作气压减低状态、消除下沉荷载的状态计算。竣工后仅对应力传递线没有重叠的情况下进行计算。 | 工作室顶板厚 | 上端筋<br>下端筋 |
| 刃脚 | 施工工况 | 简化为以工作室顶板为固定端的悬臂梁对工作气压降低状态下进行计算。 | 刃脚根部厚 | 竖向筋 |

# 第二节　沉箱结构设计

沉箱与沉井结构的形式区别在于下沉阶段时前者是上无盖下有底（底板，也称工作室顶板）的结构而后者是上无盖下无底的井筒状结构，因此在主要的结构设计与计算方面，两者关注内容基本相同，不同的是前者要考虑气压力的作用以及底板先期存在对侧壁内力改善等。

## 一、沉箱壁水土侧压力

施工阶段作用于沉箱侧壁的主要荷载为水、土压力。

### 1. 水压力

水压力计算公式为：

$$P_w = \alpha \gamma_w h_w \tag{3-1}$$

式中　$P_w$——作用于井壁水平方向的单位面积水压力，kPa；
　　　$\gamma_w$——水的重度，kN/m³；
　　　$h_w$——最高地下水位至计算点的深度，m；
　　　$\alpha$——折减系数，砂性土（强透水性土）取 1.0；

黏性土一般在施工阶段取 0.7，使用阶段取 1.0。

**2. 土压力**

作用于沉箱水平方向的土压力通常按朗金主动土压力公式计算。即

$$P_E = \gamma_E h_E \tan^2(45° - \frac{\varphi}{2}) - 2c\tan(45° - \frac{\varphi}{2}) \tag{3-2}$$

式中 $P_E$——作用于井壁水平方向的单位面积主动土压力（kPa）；

$\gamma_E$——土的重度（kN/m³）；

$h_E$——天然地面至计算点的深度（m）；

$\varphi$——土的内摩擦角（°）；

$c$——土的黏聚力（kPa）。

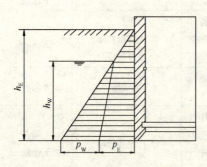

图 3-1 水、土压力分布图

朗金公式虽然没有考虑井壁与土之间的摩擦力，有一定的缺陷，但由于公式简单，对各类土只要土面水平，不论有无均布荷载均可进行计算，故目前仍然被广泛应用。水、土压力如图 3-1 所示。可以看出，水、土压力分布随着深度增加而线性增大。

因此，当进行结构平面计算时，可截取单位高度的箱壁，按水平框架进行计算；当进行结构竖向计算时，则应按三角形（梯形）荷载进行计算。要注意的是，在沉箱下沉动态过程中，由于受到各个方向不均匀的土压力，甚至局部产生被动土压力，其计算值会远比主动土压力要大，故在进行结构截面配筋设计时应予以适当考虑。

## 二、沉箱平面结构内力计算

为增强沉箱刚度并结合其使用上的要求，常在箱壁内设置多层支撑梁或纵横隔墙，使箱壁构成水平框架，根据平面形状的不同，有如下内力计算方法：

**1. 矩形沉箱平面结构内力计算**

沉箱平面结构内力计算，通常沿竖向截取单位高度的箱壁（含水平支撑横梁或纵、横隔墙等），按水平框架进行结构内力分析。采用的方法有解析公式法、弯矩分配法以及平面框架有限元程序电算方法等。

（1）当沉箱高度大于其水平截面长边的 1.5 倍时，可以不考虑横梁的影响，沿竖向取 1m 宽的一段，按水平闭合框架计算，参见图 3-2 (d)。

（2）当沉箱高度小于其水平截面短边的 1.5 倍时，可沿水平方向取 lm 宽的截条，按连续梁计算，参见图 3-2 (c)，连续梁的支座反力由横梁与圈梁所构成的水平框架承担。

（3）当上述两种条件均不满足时，井壁可按多块板（双向板或单向板）计算。例如图 3-2 (a) 中 abcd 即为其中的一块双向板。

（4）刃脚根部以上一段井壁高度可视为刃脚悬臂梁作用时的固定端。除本身承受水平荷载，尚需承担刃脚向内挠曲时传来的水平剪力。

常用水平闭合框架如矩形单孔、矩形双孔及矩形多孔的内力计算公式详见有关计算

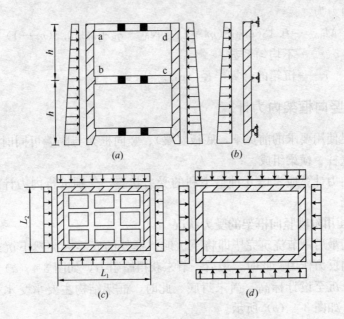

图 3-2 沉箱平面框架计算简图
(a) 沉箱竖向剖面；(b) 沉箱竖向计算简图；
(c) 沉箱水平框架；(d) 沉箱水平闭合框架

手册，本节不作详细展开。

**2. 圆形沉箱平面结构内力计算**

圆形沉箱壁在稳定条件下承受径向均匀荷载，计算得出的内力往往不大。实际上在下沉过程中，由于周围土体因沉箱下沉而扰动程度不均匀，常需纠偏，使箱壁承受不均匀水、土压力作用，此时就会产生相当大的内力，因此需做计算校核。如图 3-3 所示，A、B 两点土压力不一致。分别为：

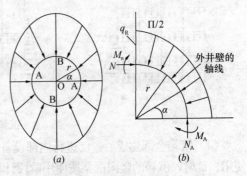

图 3-3 圆形沉箱周边土压力分布图

$$q_A = \gamma h \tan^2\left(45° - \frac{\varphi_A}{2}\right) \quad (3\text{-}3)$$

$$q_B = \gamma h \tan^2\left(45° - \frac{\varphi_B}{2}\right) \quad (3\text{-}4)$$

式中 $\gamma$——土的重度（$kN/m^3$），$\varphi_A$、$\varphi_B$ 应根据不同地区土的物理力学性质来取值。如软土地区一般取：

$$\varphi_A = \varphi + (2.5° \sim 5.0°) \quad \varphi_B = \varphi - (2.5° \sim 5.0°) \quad (3\text{-}5)$$

则不同角度（$\alpha$）处的土压力为：

$$q_\alpha = q_A[1 + (m-1)\sin\alpha] \quad (3\text{-}6)$$

A 截面的内力为：

$$M_A = -0.1488 q_A r^2 (m-1) \quad N_A = q_A r[1 + 0.7854(m-1)] \quad (3\text{-}7)$$

B 截面的内力为：

$$M_B = -0.1366 q_B r^2 (m-1) \quad N_B = q_B r [1 + 0.5(m-1)] \tag{3-8}$$

式中　$m = q_B/q_A$ ——不均匀系数；

　　　$r$ ——沉箱的计算半径（m）。

### 三、沉箱竖向框架内力计算

沉箱在满足使用要求的前提下，底板（梁）、竖向框架与隔墙可同时设置，竖向框架由井壁内侧的壁柱、横梁组成。

竖向框架内力计算应考虑几种最不利的受力状态，分别进行内力计算，然后按最大的内力进行配筋。

**1. 施工与使用阶段竖向框架的受力状况**

（1）沉箱的最后一节浇筑完毕即将下沉时，框架的底梁因突然下沉或控制下沉需要承受较大的竖向反力作用。此时，最后一节未获得摩阻力，如图 3-4 (a) 所示。

（2）沉箱下沉至设计标高，尚未封底。此时，框架结构主要承受水平荷载，竖向荷载有框架自重，如图 3-4 (b) 所示。

（3）沉箱终沉封底后，处于竣工空载状态。此时，框架结构承受的水平荷载及竖向荷载都达到施工阶段的最大值，框架底梁和底板受到最大浮力，如图 3-4 (c) 所示。

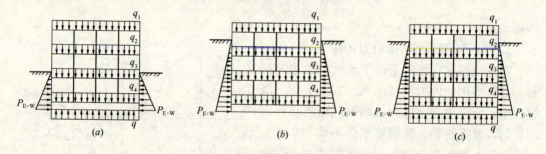

图 3-4　沉箱竖向框架受力状况

（4）沉箱全部建成后，已进行内部设备安装和上部结构浇筑，或者要覆土掩盖，投入正常使用。此时，沉箱的竖向框架按使用阶段计算，并视沉箱为整体的地下结构进行验算。

**2. 竖向框架的内力分析**

如图 3-5 所示，沉箱结构与荷载均为对称，沉箱中间隔墙相对于横梁具有较大的刚度，故可以简化计算，其要点如下：

（1）利用对称性，框架结构可取一半计算；

（2）假定各层中横梁在中隔墙及井壁处允许自由转动，即中横梁不分配内力矩；

（3）假定底横梁、顶横梁与框架中立柱相交节点有竖向位移存在，视中立柱为一连杆；

（4）假定井壁、中隔墙与各层横梁的相交节点均无竖向位移；

（5）计算框架壁柱和底梁截面的几何性质时，一般取矩形截面，宽度取壁柱及底梁的宽度，高度可加上箱壁厚度及底板厚度。

由以上几点假定，沉箱竖向框架结构计算简图如图 3-5 所示。可用结构力学的方法或电算程序法计算框架各部位、各节点的内力，绘出框架内力的包络图，然后选取框架中各杆件的控制截面进行截面配筋设计。

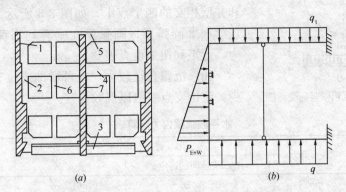

图 3-5 设置竖向框架的沉箱及竖向框架计算简图
1—箱壁；2—壁柱；3—底板底横梁；4—中横梁；
5—顶横梁；6—中立柱；7—中隔墙

## 四、沉箱壁的竖向内力计算

沉箱施工阶段，在凿除素混凝土垫层（或抽除承垫木）时、下沉过程中碰到障碍物、下沉后期产生"悬吊"（见后所述）等最不利情况下，应进行箱壁竖向内力计算与截面配筋设计。

**1. 起沉前箱壁竖向受弯内力计算**

主要原则有：

(1) 制作时不使用支承时，井壁可按弹性地基梁计算。

(2) 制作使用素混凝土（或承垫木）支承时：

长宽比大于等于 1.5 的矩形结构，可按四点支承计算；定位支承点距端部的距离，可按 $0.15L$ 考虑；长宽比接近于 1 的矩形结构，定位支点宜在两个方向上均按上述原则设置；圆形结构按 $90°$ 分布的定位支承点计算。

对土质均匀的软土地基上的沉箱，一般可不设置承垫木，仅在砂垫层上铺素混凝土垫板。对土质条件较复杂的大型沉箱，如需要设置承垫木时，应使预留的定位垫木在结构自重作用下产生最小的结构内力，例如使箱壁纵向最大正负弯矩的绝对值基本相似。

对于矩形沉箱，计算时可把沉箱壁（长边）当作一根梁，验算由于沉箱自重而在跨中与支座处所引起的井壁内力，计算公式为：

$$M_支 = -0.0113ql^2 - 0.15P_l l \tag{3-9}$$

$$M_中 = 0.05ql^2 - 0.15P_l l \tag{3-10}$$

式中 $q$——沉箱纵墙单位长度井壁自重，kN/m；

$l$——沉箱壁纵向长度，m；

$P_l$——沉箱井壁端墙自重的一半，kN。

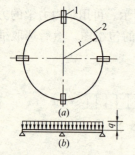

图 3-6 圆形沉箱壁竖向受弯图

当沉箱长与宽接近相等时，可考虑在两个方向都设置定位支点。

对于圆形沉箱，考虑支承点位于两相互垂直的直径和井壁相交的四个点上，如图 3-6 所示。可把箱壁作为连续水平圆弧梁，圆弧梁在垂直均布荷载作用下的剪力、弯矩和扭矩可查表 3-3。

如果沉箱直径较大，也可增加定位支点，使内力减少。定位支点一般以偶数为宜。

水平圆弧梁内力计算表　　　表 3-3

| 圆弧梁支点数 | 最大剪力 | 弯矩 | | 最大扭矩 |
| --- | --- | --- | --- | --- |
| | | 在二支座间的跨中 | 支座上 | |
| 4 | $q\pi r/4$ | $0.03524\pi qr^2$ | $0.06430\pi qr^2$ | $0.01060\pi qr^2$ |
| 6 | $q\pi r/6$ | $0.01500\pi qr^2$ | $0.02964\pi qr^2$ | $0.00302\pi qr^2$ |
| 8 | $q\pi r/8$ | $0.00832\pi qr^2$ | $0.01654\pi qr^2$ | $0.00126\pi qr^2$ |
| 12 | $q\pi r/12$ | $0.00380\pi qr^2$ | $0.00380\pi qr^2$ | $0.00036\pi qr^2$ |

表中：$r$ 为沉箱的计算半径（m），$r$ 等于沉箱的内径加井壁厚度的一半；$q$ 为井壁单位长度自重（kN/m）。

**2. 遇障碍物时箱壁竖向受弯内力计算**

在沉箱下沉时，由于挖土不均匀，可能使沉箱支承于四个角点上，受力情况如同两端支承的简支梁，如图 3-7（a）所示，这种情况的内力验算公式为：

$$M_\text{支} = 0 \quad M_\text{中} = ql^2/8 \quad (3-11)$$

对于不设置承垫木的沉箱，也需验算这种受力状态。

沉箱在障碍物较多的块石类土层中下沉时，可能由于土质不均匀或遇上孤石障碍物等原因，形成沉箱中间一点支承，如图 3-7（b）所示，这种受力状态的验算公式为：

$$M_\text{支} = 0 \quad M_\text{中} = ql^2/8 - P_1 l/2 \quad (3-12)$$

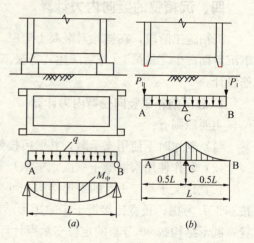

图 3-7 沉箱下沉遇障碍物时的内力变化情况

在土质不均匀地区，对于设置承垫木与不设置承垫木的沉箱，都需验算这种受力状态。在松软土质条件下，形成两端或中间一点支承的可能性不大，可不必进行验算。

**3. 竖向拉力计算**

沉箱在下沉施工阶段，其箱壁的竖向最大拉力通常按以下几种假定方法进行内力计算。

（1）当上部土层坚硬、下部土层松软时，可近似假定沉箱上部 $0.35h_0$ 处被卡住，下部 $0.65h_0$ 处为悬吊状态，则等截面井壁的最大拉力为：

$$S_\text{max} = 0.65G \quad (3-13)$$

式中　$G$——沉箱的总重（kN）。

(2) 当沉箱下沉接近设计标高时，上部有可能被四周土体嵌固，而刃脚下的土体已被挖除，沉箱仅靠外壁与土体之间的摩阻力来维持平衡，此时为最不利情况，应验算井壁的竖向拉应力。一般假定井壁阻力呈倒三角形分布，其最危险的截面在沉箱入土深度的一半处，最大拉力为：

$$S_{max} = G/4 \tag{3-14}$$

要说明的是，刃脚掏空工况对于下沉困难的沉井比较常用，而对于沉箱下沉是应严格避免的，因为此种工况将导致沉箱工作室气压下降从而不利于地下水控制。

通常，等截面箱壁的竖向钢筋应按照最大拉力 $S_{max} = (0.25 \sim 0.65) G$ 配置，或者按照构造规定配置竖向钢筋，取二者中的较大者。

当箱壁截面在竖直方向呈阶梯形变化时，应求出最大拉力的位置，并按最大拉力或构造要求配置竖向钢筋。当箱壁有预留孔洞时，应验算孔洞削弱处的应力。

### 五、沉箱底板计算

沉箱底板（工作室顶板）在施工阶段和使用阶段的荷载分析与计算可考虑如下：

**1. 底板荷载计算**

在使用阶段，沉箱底板下的基底反力，为沉箱结构的最大自重除以沉箱外围内的底面积之比值。计算沉箱底板下的均布反力时，一般不计井壁侧面摩阻力。

由于封底混凝土裂缝、漏水、渗水原因，通常水压力全部由钢筋混凝土底板承受；计算水头高度应从沉箱外最高地下水位面算到钢筋混凝土底板下表面，同时应扣除底板的自重。在施工阶段底板主要承受随下沉深度而增加的气压反力（基本与地下水压力平衡）。

沉箱钢筋混凝土底板下的均布计算反力应取上述土反力和水压力二者中数值较大者进行结构的内力计算。

**2. 底板内力计算**

沉箱钢筋混凝土底板的内力可按单跨或多跨板计算。沉箱底板的边界支承条件，其与箱壁的连接通常可视为嵌固支承。对于矩形及圆形沉箱，底板的内力可按有关计算手册或专用电算程序进行计算。

**3. 其他探讨**

沉箱底板（工作室顶板）是先期与沉箱侧壁形成一体的，相比沉井上下开口的井筒式结构，在下沉过程中的结构刚度前者要好，由于底板的存在，沉箱壁并不十分适合竖向截取单位厚度的平面水平框架计算假定。通过空间建模计算分析情况看，由于底板的刚度贡献，沉箱壁的最大内力不是出现在最深处，而是离开底板一定高度的中部区。因此，对于沉箱壁的内力计算分析，有条件应尽可能展开整体分析（数值模拟手段）并结合框架内力计算结果综合决定箱壁的配筋，以求得安全与经济的合理统一。

## 第三节　沉箱下沉计算与稳定验算

沉箱的下沉计算贯穿其下沉工况的始终。为确保沉箱的下沉，应使其下保持一定的下沉力。下沉力太小会使沉箱不易下沉，下沉力太大又会使其下沉失稳发生偏斜。可以说下沉计算是沉箱施工阶段与设计调整结构尺寸的主要计算内容和环节。

## 一、沉箱侧壁摩阻力

沉箱壁外侧与土层间的摩阻力及其沿井壁高度的分布，应根据工程地质条件、井壁外形和施工方法等，通过试验或对比积累的经验资料确定。当无试验条件或无可靠资料时，可按下列规定确定：

1. 井壁外侧与土层间的单位摩阻力标准值 $f_k$，可根据土层类别按表 3-4 的规定选用。

单位摩阻力标准值 $f_k$　　　　　　　　　　　　　　　　表 3-4

| 土层类别 | $f_k$ (kPa) | 土层类别 | $f_k$ (kPa) |
| --- | --- | --- | --- |
| 流塑状态黏性土 | 10～15 | 砂性土 | 12～25 |
| 可塑、软塑状态黏性土 | 10～25 | 砂砾石 | 15～20 |
| 硬塑状态黏性土 | 25～50 | 卵石 | 18～30 |
| 泥浆套 | 3～5 | | |

注：当井壁外侧为阶梯形并采用灌砂助沉时，灌砂段的单位摩阻力标注值可取 7～10kPa；气幕减阻时，可按表中摩阻力乘 0.5～0.7 系数。

2. 当沿沉箱壁土层为多种类别时，单位摩阻力可取为各层土单位摩阻力标准值的加权平均值。该值可按下式计算：

$$f_{ka} = \frac{\sum_{i=1}^{n} f_{ki} h_{si}}{\sum_{i=1}^{n} h_{si}} \tag{3-15}$$

式中　$f_{ka}$——多土层单位摩阻力标准值的加权平均值 (kPa)；
　　　$f_{ki}$——第 $i$ 层土的单位摩阻力标准值 (kPa)，按表 3-4 选用；
　　　$h_{si}$——第 $i$ 层土的厚度 (m)；
　　　$n$——沿沉箱下沉深度不同类别土层的层数。

3. 摩阻力沿沉箱井壁外侧的分布图形，当沉箱井壁外侧为直壁时，可按下图 3-8 (a) 采用；当井壁外侧为阶梯形时，可按图 3-8 (b) 采用。

要指出的是，在淤泥质黏土及粉质黏土层中，由于土的黏聚力 $c$ 较大等因素，沉箱停止下沉的时间越长，$f$ 值就越大，有时可高达 40kPa 以上；但当开始下沉时，$f$ 值又下降到较小数值或接近于零。

井壁摩擦力的大小，除按上述表 3-4 的经验数据选用外，还可按箱壁外主动土压力的 0.3～0.5 倍进

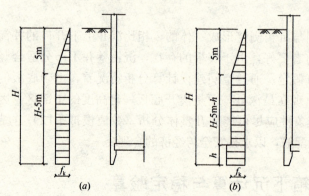

图 3-8　摩阻力沿壁外侧的分布
(a) 直壁式井壁外侧；(b) 阶梯式井壁外侧

行估算。

## 二、下沉系数计算

下沉系数可按下式计算：

$$k_0 = \frac{G_k - F_k - F_a}{T_f} \tag{3-16}$$

式中 $G_k$——井体自重标准值（kN）；
$F_k$——下沉过程中地下水的浮力标准值（kN）；
$F_a$——沉箱内气压对顶板的向上托力标准值；
$T_f$——井壁总摩阻力标准值（kN）；
$k_0$——下沉系数，宜在 1.05~1.25 范围内选取，位于淤泥质土层中可取大值，位于其他土层中可取小值。

## 三、下沉稳定系数（接高稳定性）计算

当下沉系数大于 1.5，或在软弱土层中下沉过程中可能发生突沉时，除在挖土时采取合理的施工措施外，宜在沉箱中加设或利用井内已有的隔墙或横梁等作为防止发生突沉的措施，并应根据实际情况按下式进行下沉稳定验算：

$$k'_0 = \frac{G_k - F_k - F_a}{T_f + R} \tag{3-17}$$

式中 $R$——沉箱刃脚、隔墙和横梁下地基土反力之和（kN）；
　　　　　地基土反力可采用极限承载力标准值，参照表 3-5 取值；
$k'_0$——下沉过程中的下沉稳定系数，可取 0.8~0.9。

设计中，当考虑利用隔墙或横梁作为防止突沉的措施时，隔墙或横梁底面与井壁刃脚底面的距离宜为 50cm。

地基土的极限承载力　　　　　表 3-5

| 土层类别 | 极限承载力（kPa） | 土层类别 | 极限承载力（kPa） |
| --- | --- | --- | --- |
| 淤泥 | 100~200 | 软塑、可塑状态粉质黏土 | 200~300 |
| 淤泥质黏性土 | 200~300 | 坚硬、硬塑状态粉质黏土 | 300~400 |
| 细砂 | 200~400 | 软塑、可塑状态黏性土 | 200~400 |
| 中砂 | 300~500 | 坚硬、硬塑状态黏性土 | 300~500 |
| 粗砂 | 400~600 | | |

沉箱下沉过程中，由于气压浮托力的作用，相比沉井来说下沉要平稳，其下沉基本规律是从起始时的下沉较快逐渐过渡至中后期的下沉较慢甚至下沉困难的状况，因此沉箱下沉后期通常均需要考虑采取足够的助沉措施。在国内首例远程遥控气压沉箱工程实例中，创造性地设计发明了集防突沉与助沉功能于一体的支承压沉一体化系统，在实施中取得了较好效果，详见后面章节介绍。

## 四、抗浮稳定验算

沉箱抗浮应按沉箱封底和使用两个阶段，分别根据实际可能出现的最高水位进行抗浮稳定验算。通常沉箱沉井设计应考虑依靠自重获得抗浮稳定。在不计侧壁摩阻力的情况下，抗浮稳定验算公式为：

$$k_{fw} = \frac{G_{1k}}{F_{fw,k}^b} \quad (3-18)$$

式中 $k_{fw}$——沉箱抗浮系数，且 $k_{fw} \geqslant 1.05$；计入侧壁摩阻力时，抗浮系数取 1.15；
$G_{1k}$——沉箱在封底后或使用阶段的自重标准值（kN）；
$F_{fw,k}^b$——基底的水浮托力标准值（kN）。

## 五、抗滑移抗倾覆验算及整体稳定性计算

位于江河、海岸的沉箱，如果前后两侧水平作用相差较大，应验算沉箱的滑移和倾覆稳定性。

抗滑移验算：

$$k_s = \frac{\eta E_{pk} + F_{bf,k}}{E_{ep,k}} \geqslant 1.30 \quad (3-19)$$

式中 $k_s$——沉箱抗滑移系数，且 $k_s \geqslant 1.30$；
$\eta$——被动土压力利用系数，施工阶段取 0.8，使用阶段取 0.65；
$E_{ep,k}$——沉箱后侧主动土压力标准值之和（kN）；
$E_{pk}$——沉箱前侧被动土压力标准值之和（kN）；
$F_{bf,k}$——沉箱底面有效摩阻力标准值之和（kN）。

抗倾覆验算：

$$k_{ov} = \frac{\sum M_{aov,k}}{\sum M_{ov,k}} \quad (3-20)$$

式中 $k_{ov}$——沉箱抗倾覆系数，且 $k_{ov} \geqslant 1.5$；
$\sum M_{aov,k}$——沉箱抗倾覆弯矩标准值之和（kN·m）；
$\sum M_{ov,k}$——沉箱倾覆弯矩标准值之和（kN·m）。

靠近江、河、海岸边的沉箱，尚应进行土体边坡在沉箱荷重作用下整体滑动稳定性的分析验算。

# 第四节 沉箱刃脚计算

刃脚的功用是使沉箱下沉时减少竖向支承阻力，并可使刃脚入土内一定深度，起到隔断箱内外土的作用，形成一根部嵌固的悬臂作用。刃脚内力计算是指沉箱在下沉阶段各工况下的内力分析计算，以最不利工况计算结果来确定刃脚内侧和外侧的竖向钢筋和水平钢筋。

## 一、刃脚按悬臂梁作用时的竖向内力计算

### 1. 刃脚向外弯曲的计算（配置内侧竖向钢筋）

当沉箱开始下沉时，刃脚已插入土内，刃脚下部承受到较大的正面及侧面压力，而井壁外侧土压力并不大，此时刃脚根部将产生向外弯曲力矩，如图 3-9 所示。刃脚上所受的水平反力 $P_l$、垂直反力 $N_l$ 及弯矩 $M_l$ 计算如下式：

$$P_l = \frac{R_j h_s}{h_s + 2a\tan\theta}\tan(\theta - \beta_0) \quad (3-21)$$

$$R_j = R_{j1} + R_{j2} \quad (3-22)$$

$$N_l = R_j - g_l \quad (3-23)$$

$$M_l = P_l(h_l - \frac{h_s}{3}) + R_j d_l \quad (3-24)$$

$$d_l = \frac{h_l}{2\tan\theta} - \frac{h_s}{6h_s + 12a\tan\theta}(3a + 2b) \quad (3-25)$$

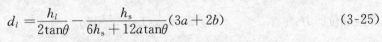

图 3-9 刃脚向外弯曲计算示意图

式中 $R_{j1}, R_{j2}$ ——分别为单位周长刃脚踏面及刃脚斜面反力设计值（kN/m）；

$h_s, h_l$ ——分别为地面至刃脚踏面高度及刃脚高度（m）；

$\theta, \beta_0$ ——分别为刃脚斜面与水平面的夹角及刃脚斜面作用荷载 $R_j$ 与斜面法向的夹角（°）；

$g_l$ ——单位周长刃脚自重设计值（kN/m）

$a, b$ ——分别为刃脚踏面宽度及斜面在水平方向上的宽度（m）；

$P_l, N_l, M_l$ ——分别为刃脚上所受的水平反力、垂直反力及弯矩设计值。

### 2. 刃脚向内弯曲的计算（配置外侧竖向钢筋）

当沉箱下沉至最后阶段，刃角周围的土被挖空，即为刃脚向内弯曲的最不利情况（尽管在沉箱下沉工况中严格控制避免或不太可能出现这一工况，基于安全考虑，仍进行计算与验算），如图 3-10 所示。此时，在刃脚根部水平截面上将产生最大的向内弯矩 $M_l$，计算公式为：

$$M_l = \frac{1}{6}(2F_{epl} + F'_{epl})h_l^2 \quad (3-26)$$

式中 $F_{epl}, F'_{epl}$ ——分别为单位周长刃脚踏面处及刃脚顶部压力（kN/m）；

$h_l$ ——刃脚高度（m）。

考虑气压作用，沉箱沉至设计标高，按内侧为 1/3 理论气压工况计算刃脚弯矩和剪力，如图 3-11 所示。

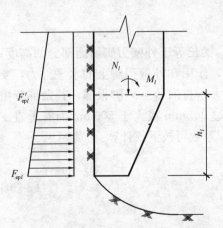

图 3-10 刃脚向内弯曲计算示意图

检验部位弯矩：$M = \frac{L_1^2}{6}(2q_1 + q_2) \quad (3-27)$

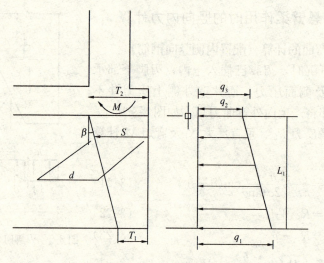

图 3-11 沉箱刃脚验算图

检验部位剪力：
$$S = \frac{1}{2}(L_l - \frac{T_2}{2})(q_1 + q_2) \tag{3-28}$$

刃脚竖直钢筋通常应设置在水平钢筋外侧，并锚固到刃脚根部以上。

## 二、刃脚按框架作用时的水平内力计算

对于圆形沉箱，根据其起沉时所求得的水平推力（式 3-21），求出作用在水平圆环上的环向拉力：

$$N_\theta = P_l \cdot r_s \tag{3-29}$$

式中 $N_\theta$——刃脚承受的环向拉力（kN）；

$r_s$——刃脚的计算半径，可按刃脚截面的平均中心处计算。

对于矩形沉箱，在刃脚切入土中时，由于斜面上的土反力产生的横推力，在转角处时相互垂直的刃脚产生拉力。如果刃脚水平钢筋配置较少，在构造上应采取措施，防止刃脚转角处开裂。

## 三、作用在刃脚上的水平外力分配

刃脚一方面可以看成是根部嵌固的竖向悬臂梁，梁长等于外壁刃脚斜面部分的高度；另一方面又可以看成是一个封闭的水平框架。因此，作用在外壁刃脚上的水平外力，要由其悬臂和框架两种作用共同承担。一部分水平外力垂直向传至刃脚根部，其余部分由框架承担。当内隔墙或底梁的底面距刃脚底面不超过 500mm 或大于 500mm 而有垂直支托时，作用在刃脚上的水平外荷载应进行分配，分配系数可按下式计算：

悬臂作用部分：

$$\lambda = \frac{0.1 l_1^4}{h_k^4 + 0.05 l_1^4} \tag{3-30}$$

上式中当 $\lambda > 1$ 时，取 $\lambda = 1$。

框架作用部分：

$$\xi = \frac{h_k^4}{h_k^4 + 0.05 l_2^4} \tag{3-31}$$

式中 $l_1$——沉箱外壁支承于内隔墙的最大计算跨度（m）；

$l_2$——沉箱外壁支承于内隔墙的最小计算跨度（m）；

$h_k$——刃脚斜面部分高度（m）。

一般情况下，刃脚水平框架作用的影响很小，可以忽略不计，仅计算刃脚的竖向悬臂作用。

# 第四章  气压沉箱施工技术与管理

## 第一节  概　　述

气压沉箱施工技术是利用供气装置通过箱体内预置的送气管路向沉箱底部的工作室内持续压入压缩空气，使工作室气压与箱底水土压力平衡，从而使工作室内的土体在无水干燥状态下进行挖排土作业，箱体在本身自重以及上部荷载的作用下下沉到指定深度，最后将沉箱作业室填充混凝土进行封底。

### 一、气压沉箱施工技术的特点

气压沉箱施工技术具有以下特点：

**1. 气压平衡水土压力施工**

在沉箱施工的过程中，采用气压平衡，使地下（工作室）挖土过程中的气压始终与地下水土压力平衡，并要求工作室内水位保持在沉箱结构刃脚口以下适当部位，达到工作室内出土、控制、电气设施的正常运转的安全要求，同时保持沉箱工作室内空气不向刃脚外泄漏，减少空气对沉箱结构外的土体扰动。

**2. 沉箱工作室内无人化操作**

气压沉箱的施工过程中用地面遥控的方法实行机械自动挖掘及出土，以避免或减少人员在挖土过程中承受气压，保证超深地下结构作业时施工人员的安全。

**3. 全程实时监控**

对工作室内、人员出入塔、物料塔实行供气自动控制，保证气压始终处于平衡状态。对工作室内机械挖土及出土实行有效的监控，包括工作室出土的设备正常运转的监视与安全控制。对沉箱所处的状态，用三维图视实时显示，并能分时保存该资料，便于技术人员即时及事后分析，及时调整沉箱的下沉与纠偏措施。对沉箱的人员进出入塔、物料塔的所有阀门进行可靠的安全自动控制，保证工作室内气压稳定，并对工作室内地下水位进行监控。

### 二、沉箱施工流程

远程遥控气压沉箱工法的工艺示意及施工流程见图4-1和图4-2。

### 三、施工要点

**1. 浅基坑开挖，铺设砂垫层**

浅基坑的开挖有利于去除表层松散不利于沉箱气密及承载力低的杂填土，铺设砂垫

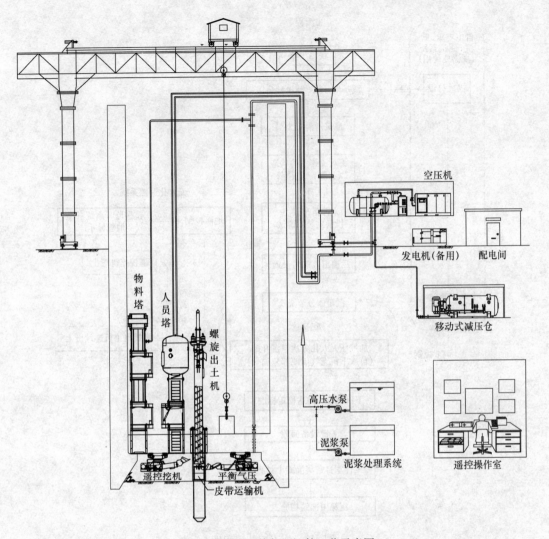

图 4-1 远程遥控气压沉箱工艺示意图

层起到改善下部地基承载力的作用,有利于沉箱首次下沉的均匀及稳定。砂垫层厚度由计算确定,满足沉箱制作的承载力要求,必要时进行软弱下卧层强度验算。

**2. 沉箱工作室的构筑**

沉箱通过其下部的刃脚、底板(也称工作室顶板)构成密闭作业空间即沉箱工作室,在其内进行土体的开挖、运输作业。工作室中施加与地下水土压力相当的空气压力,使工作室处于无水状态。具体要求有以下几点:

(1) 沉箱工作室的刃脚及顶板结构一般考虑整体浇筑,刃脚内侧制模宜采用砖胎模形式。刃脚高度也即工作室高度,宜取 2.5~3.0m。

(2) 结构底板(也称作工作室顶板)是承受不断增加的气压与多种施工荷载直接作用的构件,应加强模板、钢筋、混凝土各工序的施工管理,确保结构密实,有良好的气密性。底板支模可采用满堂排架。

(3) 工作室整体制作时杜绝在刃脚与底板结合处出现细小裂缝,以防出现后续气压

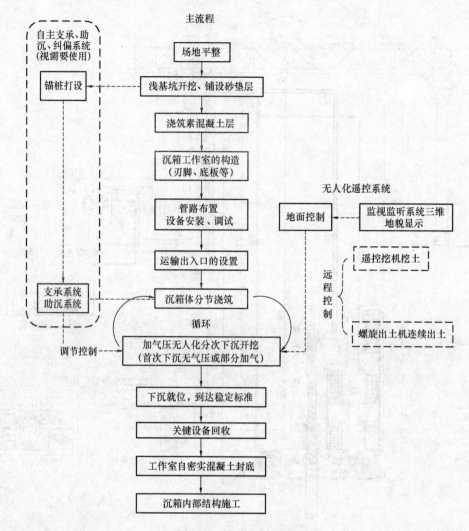

图 4-2 施工工艺流程图

施工时产生大量漏气的后果。如刃脚与底板分次浇筑，两者之间的施工缝应加设钢板止水构造。

（4）底板施工时的另一个重要工序就是预埋件及管路的放置。所有预埋件与管路在底板上下的布置、大小及数量需事先详细计划。

**3. 管路布置，设备安装及调试**

各种管路与配件的预留和设置，包括供排气、液压油管、水管、混凝土管、封底压浆管路，施工照明、激光扫描三维成像、监控摄像、通信等控制线路强弱电电缆、线缆，及相应功能的装置及配件。

预埋管路应做好密封闭气处理。刚性管路设阀门封闭，电缆、线缆以预埋套管形式穿底板，套管两端采用法兰压紧闭气。

主要遥控施工设备有沉箱自动挖机、皮带运输机及螺旋出土机系统等，在安装完成后均需进行调试，调试通过后方能进行后续施工。

**4. 运输出入口的设置**

有物料塔、人员塔和螺旋机出土塔，一般为圆形钢结构。

物料塔提供设备、材料进出通道及出土通道，人员塔提供临时检修环境下的维修人员进出通道。除螺旋机出土塔外，物料塔与人员塔均设闸门段、气闸门或过渡舱等气压调节设施来调节地面大气压与作业室的压力差。

**5. 沉箱体的浇筑制作与下沉**

沉箱体通常以4～7m的高度分节浇筑制作，其顺序为浇筑→下沉→浇筑循环进行，直到箱体达到所需深度为止。根据下沉难易辅以助沉或防突沉措施，助沉措施主要有触变泥浆减阻、灌水压重、锚拉压沉等，防突沉主要有锚桩支承、加气压等，根据实际情况按需选用。

**6. 气压控制**

工作室内气压原则上应与箱底水土压力相平衡，不得过高或过低，以免气压波动太大，对周边土体造成较大扰动。

在底板上设置进排气阀。在沉箱下沉至某一深度时设定上下限压力值，通过气压传感器进行气压实时量测，超过限值时实时启动警示系统，完成对工作室内的自动充、排气，维持工作室内的气压稳定。

**7. 工作室无人化封底**

沉箱达到终沉稳定要求，关键设备回收完成后，即可进行无人化封底混凝土施工。施工要点步骤如下：

（1）通过底板预留混凝土导管（设置闸门）向工作室内浇筑自流平混凝土，自然摊铺，封底混凝土应连续浇筑。浇筑顺序为：从刃脚处向中间对称顺序浇筑。过程中通过排气口适当放气，以维持工作室内的气压稳定。

（2）混凝土凝结收缩后，通过底板预埋注浆管压注水泥浆，填充封底混凝土与底板之间的空隙。

（3）维持物料塔及人员塔内的气压不变，待封底混凝土达到设计强度后再停止供气。

（4）封底完成后，移除相关设备，封堵底板各预留孔。

## 第二节 结构制作技术

### 一、铺设砂垫层、混凝土垫层

结构地面制作前可挖除表面杂填土，并铺设砂垫层。为了保证地基承载力，必须确保砂垫层的铺设质量，砂垫层采用中粗砂，按每层25～30cm分层铺筑，按15%的含水量边洒水边用平板振动器振实，使其达到中密，用环刀法测试干密度，干密度重应不小于$1.56t/m^3$。铺填第二层前必须要下层达到要求，方可进行第二层铺设。为防止雨水及地层潜水对砂垫层质量产生影响，在铺筑砂垫层前在基坑底部设置盲沟将水集至集水井后由水泵抽出。施工期间应连续抽水，严禁砂垫层浸泡在水中。

为保证制作底板时脚手结构的稳定，在基坑内满堂铺设素混凝土垫层。垫层采用C20

混凝土，厚度为 10cm。混凝土垫层保证水平，误差小于 5mm，以便模板施工，且表面抹光以此作为刃脚的底模。

## 二、刃脚制作

在软弱土层上进行沉井、沉箱结构制作时，一般需采用填砂置换法改善下部地基承载力，随后沉箱结构在地面制作。如果地表面土层为杂填土，沉箱在该层土上进行结构制作，可能在结构制作过程中出现较大不均匀沉降，对结构不利，且因该层土空隙比大，不密实。在沉箱加气压下沉时气体在该层土中会有大量逸出，不能起到闭气作用。因此，沉箱易在土质情况较好的土层上制作。在基坑挖深后，沉箱结构在基坑内制作，在完成刃脚、底板制作后，在结构外围可回填黏性土。沉箱在底板制作后一般需进行工作室内设备安装，施工时间较长，如沉箱此时发生较大沉降，影响后序工序施工的话，可及时向工作室内充入一定气压，利用气压的反托力使沉箱稳定。

刃脚高度也即工作室高度，以往的气压沉箱施工中常取 1.8~2.5m 之间。如采用自动挖掘机挖土，同时结合软土地区沉井施工经验，适当提高插入比可有效防止开挖面出现土体隆起现象，其最有效挖掘高度宜在 2.5m 左右。

## 三、底板制作

结构底板（也称工作室顶板）在下沉前制作完毕是气压沉箱施工的一个特色，以便结构在下沉前可形成由刃脚和底板组成的下部密闭空间。因此该部分结构要求密闭性好，不得产生大量漏气现象，同时需考虑对后续工序的影响。

关于底板的制作工艺有多种制作方式，可以将底板与刃脚部分整体浇筑，也可以分开浇筑，前者须考虑刃脚与底板的差异沉降问题。由于在施工中工作室内会充满高压空气，一旦在刃脚与底板结合处出现细小裂缝，就可能导致气压施工时该处产生较明显漏气现象，后者必须考虑底板与刃脚连接部位接缝的气密性措施。不管采用哪种方法，其目的都着眼于结构密闭性要求来考虑，应根据实际工程情况来选择。

为保证施工需要，需大量电缆、油管、输水管从地面进入工作室内。同时为满足封底施工要求，还需预先在底板上布置输送混凝土、注浆等管路。

关于大量电缆、油管、输水管路的布置有多种方案，一种是所有管路直接预埋在井壁中，并随着井壁接高而接高。此方案可确保已埋设管路不易损坏，但井壁中需预埋大量管路，与结构施工相交叉，同时如果管路发生故障难以维修、调换。另一种是所有管路均穿过底板进入工作室内，因此在底板施工时需要布置大量预埋管路，须考虑管路密封闭气问题。油管、输水管的封闭较简单，预埋时使其上端伸出底板顶面一定长度，上端设阀门封闭。在底板浇筑后即可根据施工需要接长。施工电缆穿底板段也需预先埋设套管，施工用电缆通过套管进入工作室内。为解决电缆与套管间存在间隙的问题，可在套管两端采用法兰压紧闭气。

## 四、底板以上井壁制作

底板以上井壁制作时，内脚手可以直接在底板上搭设。并随着井壁的接高而接高。

沉箱的制作高度，不宜使重心离地太高，以不超过沉箱短边或直径长度的一倍为宜，并不超过10m。沉箱制作完毕后，应在四角、四面中心绘制明显的标尺及中心线。标尺自踏面向上绘出，以厘米为单位。

沉箱工程的内模板，一般可一次安装完毕；外模根据具体情况而定；当井壁薄于60cm，一次安装高度不宜超过1.5m。大型预埋件应专设支撑，不得单独撑架在井壁（隔墙）的模板或钢筋上。

井壁外脚手可采取直接在地面搭设方式，但由于沉箱需多次制作、多次下沉。为避免沉箱下沉对周边土体扰动较大，影响外脚手稳定性。外脚手须在每次下沉后重新搭设。该工艺的缺点是施工时间较长。外脚手架需反复搭设，结构施工在沉箱下沉施工时无法进行。沉箱外脚手需采用外挑牛腿的方式（见图4-3），解决外脚手搭设问题。从而可使

(a)

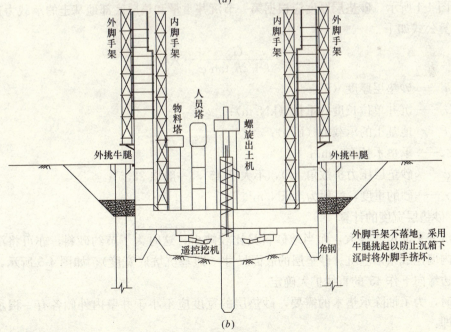

(b)

图4-3 外井壁外挑牛腿示意

结构施工与沉箱下沉交叉进行，提高施工效率。

底板、框架、墙壁中的预埋钢筋与相应受力钢筋连接必须焊接，焊接形式为单面焊，焊缝长度不小于 $10d$。底板、框架、墙壁中预埋钢筋的锚固长度不小于 $40d$，外露长度不小于 $10d$。绑扎接头搭接长度 HPB235 应大于 $36d$，HPB335 应大于 $48d$。钢筋在孔洞处应尽量绕开，如必须截断时，应从孔洞中心处截断，将截断的钢筋垂直于板面沿洞壁弯入，并焊在洞边加强钢筋或加强环筋上。

## 第三节　沉箱下沉受力分析

### 一、下沉前地基承载力验算

沉箱下沉前，部分结构在地面上制作，在结构制作时不能产生沉降，沉箱下沉前的地基承载力是保证沉箱不产生沉降的关键，因此需要验算砂垫层、下卧层承载力。按照一般工程经验，砂垫层的允许承载力可取 $10\sim 12$ t/m²，极限承载力可取 $30\sim 40$ t/m²。土体的极限承载力的取值根据大量施工经验来确定的，一般为土体允许承载力的 2～3 倍。

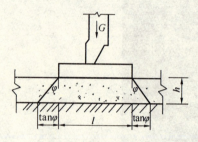

图 4-4　砂垫层计算简图

**1. 砂垫层验算**

1) 砂垫层的厚度计算

当地基承载力较低、经计算垫木需用量较多，铺设过密时，应在垫木下设砂垫层加固，以减少垫木数量，如图 4-4 所示。砂垫层厚度应根据第一节沉井重量和垫层底部地基土的承载力进行计算，计算公式如下：

$$P \geqslant \frac{G_0}{l+2h_s \tan \varphi} + \gamma_s h_s \tag{4-1}$$

式中　$h_s$——砂垫层厚度 (m)；

$G_0$——沉井单位长度的重量 (kN/m)；

$P$——地基土的承载力 (kPa)；

$l$——承垫木长度 (m)；

$\varphi$——砂垫层压力扩散角 (°)，不大于 45°，一般取 22.5°；

$\gamma_s$——砂的重度，一般为 18kN/m³。

2) 砂垫层宽度的计算

如沉井平面尺寸很大，而当地砂料又比较缺少，这时为了节约砂料，亦可将沉井外井壁及内墙挖成条形基坑。砂垫层的底面尺寸（即基坑坑底宽度），如图 4-5 所示，可由承垫木边缘向下作 45°的直线扩大确定。

同时，为了抽除承垫木的需要，砂垫层的宽度应不小于井壁内外侧各有一根承垫木长度。即：

$$B > b + 2l \tag{4-2}$$

式中 $B$——砂垫层的底面宽度（m）；
　　　$b$——刃脚踏面或隔墙的宽度（m）；
　　　$l$——承垫木的长度（m）。

砂垫层宜采用中粗砂，分层铺设，厚度为 250～300mm，用平板振动器振实，并洒水。砂垫层密实度的质量标准用砂的干重度来控制，中砂取 $\geqslant 15.6～16 kN/m^3$，粗砂还可适当提高。

**2. 混凝土垫层验算**

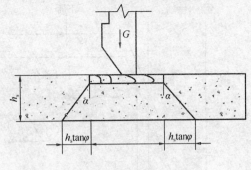

图 4-5 砂垫层的宽度

为了扩大沉井刃脚的支承面积，减轻对地基土的压力，以及省去刃脚下的底模板便于沉井下沉在砂垫层或地基上，应先铺设一层素混凝土垫层。

为了确保沉井新浇混凝土的质量，尽量减少混凝土在浇灌过程中的沉降量，混凝土垫层厚度可按下式计算：

$$h = \left(\frac{G}{R} - b\right)/2 \tag{4-3}$$

式中 $h$——混凝土垫层的厚度（m）；
　　　$G$——沉井第一节浇筑重力（kN）；
　　　$R$——砂垫层的允许承载力，一般取 100kPa；
　　　$b$——刃脚踏面宽度（m）。

混凝土垫层的厚度不宜过厚，以免影响沉井下沉，所以要控制沉井第一节结构的重量。

## 二、下沉受力分析

**1. 下沉计算基本原理**

气压沉箱不仅要满足稳定性验算，各个构件的截面承载力验算，还必须满足施工期间的下沉关系验算。因此必须在施工之前对沉箱能否顺利下沉进行验算，为此，一般情况下需要满足下沉力大于下沉阻力的要求。下沉原理如图 4-6 所示。

当下沉力大于下沉阻力时，沉箱下沉，在下沉力等于下沉阻力的力平衡状态下，通过在底面挖排土，刃脚反力增大，破坏土的平衡状态而不断下沉。

**2. 下沉计算流程**

下沉计算流程包括：

1) 确定施工分段

由于气压沉箱工法是在地上分段浇筑主体结构并分段下沉进行挖排土下沉作业的施工方法，因此下沉计算必须考虑实际施工情况，首先确定各个浇筑段的高度。

2) 确定初始下沉浇筑段

在挖掘下沉之前，首先根据初期浇筑时的重量、结构整体刚度、地基的承载力等来确定下沉浇筑段。图 4-7 是一个浇筑段完成后下沉及两个浇筑段完成后下沉的示意图。

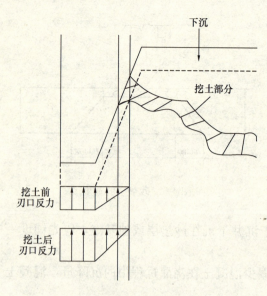

图 4-6 下沉原理

若地基土质坚硬，估计初期下沉时，由于结构刚度小可能会发生挠曲变形，可以采用隔墙部分浇筑完一个或几个浇筑段再开始挖掘下沉，此时由于增大了基础结构的刚度限制了挠曲变形，增加了下沉重量，有利于沉箱基础的顺利下沉。

软弱地基容易出现沉箱倾斜、下沉量过大的情况，如果工作室顶板浇注完后进行挖排土下沉，在地基稳定方面会存在问题，因此必须对沉箱下部地基进行改良处理。另外，对于大面积沉箱还必须进行二次应力计算检验，进行适当地补强加固。

3）确定各个浇筑段下沉深度

各个浇筑段下沉结束时侧壁离地面高度主要是依据便于下一浇筑段的施工的原则，一般在沉箱就位后，高出地面 0.5～1.0m 左右，如图 4-7 所示。

4）各个浇筑段下沉力计算

下沉力主要包括以下几个方面：

（1）沉箱结构重量；

（2）助沉用水重量；

（3）作用在沉箱上的荷载；

（4）立管等设备重量。

5）各浇筑段的下沉阻力

下沉阻力包括以下几个方面：

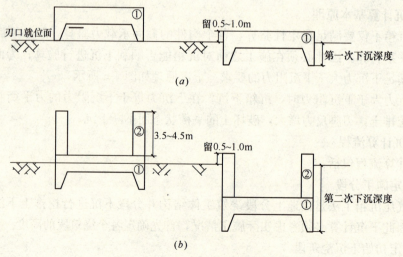

图 4-7 初始下沉时的浇筑高度
(a) 第 1 构筑段构筑后下沉；(b) 第 2 构筑段构筑后下沉

(1) 作用在沉箱上的浮力（U）

如图 4-8 所示，浮力作用在位于地下水位以下的整个沉箱面上。浮力计算公式为：

$$U_i = A \cdot h_j \cdot \gamma_w \tag{4-4}$$

式中　$U_i$——从水位面到各个浇筑段的上浮力（kN）；

　　　$A$——沉箱底面积（m²）；

　　　$h_j$——从水位面到沉箱尖端的距离（m）；

　　　$\gamma_w$——水的单位体积重量（kN/m³）。

(2) 周面摩擦力（F）

如图 4-9 所示，在沉箱下沉过程中，沉箱侧面混凝土与周围地基之间作用有周面摩擦力，周面摩擦力按照下式进行计算：

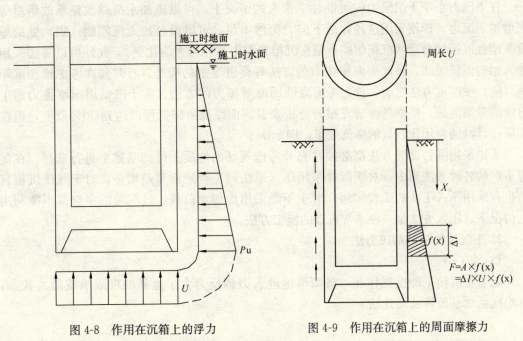

图 4-8　作用在沉箱上的浮力　　　图 4-9　作用在沉箱上的周面摩擦力

$$F = A \cdot f \tag{4-5}$$

式中　$F$——周面摩擦力（kN）；

　　　$A$——周围土体与沉箱相接触的面积（m²）；

　　　$f$——土与沉箱壁面之间的摩擦力度（kN/m²）。

土与沉箱壁面之间的摩擦力度与沉箱外壁的材质、周围土质、深度有关，正确求解该值非常困难。另外通常认为该值与沉箱外周围土体的剪切强度没有直接的关系，而是随沉箱下端形状、挖掘方法、沉箱大小的尺寸变化而变化。基于上述两点，很难高精度推测土与沉箱壁面之间的摩擦力度，因此在实际设计时，需参照规范确定的参考值，并充分考虑设计条件进行设定。

(3) 刃脚反力（P）

由于沉箱工作室内土体采用抓铲挖土，刃脚下面的土体不能彻底挖除，因此可以不考虑刃脚踏面地基反力。

6）判定沉箱可否下沉

在沉箱下沉的各个阶段，都需要分析下沉力与下沉阻力之间的平衡关系。如果在整个下沉过程中下沉力都大于下沉阻力，则沉箱可以下沉。

### 三、下沉计算需考虑的问题

下沉计算及稳定计算的内容见设计章节，在施工中根据现场实际，如需改变设计下沉工况，则要按前述方法进行重新分段后的下沉计算与接高稳定性计算。根据计算采取适当的助沉或防突沉措施。

**1. 下沉困难时的解决办法**

在下沉力小于下沉阻力的可能性非常大的情况下，可以施加水荷载或是堆放钢材等来增加下沉力，即使采用这种方法下沉力仍然不足，可以通过加大沉箱侧（隔）壁的厚度来增加沉箱的自重（沉箱侧壁重量在沉箱自重中占相当大的比例）。此外可以考虑采用注入触变泥浆工法、降低周面摩擦力的方法等促进下沉的措施。有时候在考虑增加沉箱侧（隔）壁厚度方法之前，首先考虑降低周面摩擦力的方法。关于降低周面摩擦力施工方法的效果问题，根据各种研究报告分析来看周面摩擦力降低可以达到30％以上，但在实际设计时通常用比较低的降低效果，即30％。

无论采用哪种助沉方法都必须在充分考虑现场的地质条件的基础上进行选择。在促进下沉的各种方法当中，对于沉井采用压入工法的工程最近日益增多，对于气压沉箱目前也有采用压入工法的工程实例。对于不能采用施加水荷载，且沉箱的中空部不能利用的情况下，压入方法是一种非常有效的施工方法。

**2. 下沉过快时的解决方法**

1）施工持力层

随着在沉箱下部挖掘作业，将渐渐地进入刃脚反力大于地基的极限承载能力状态，沉箱底面地基破坏从而开始下沉。

但是对于沉箱刃脚反力非常大或是在软弱地基上浇筑箱体的情况，可能会出现在箱体浇筑期间或是仅仅挖掘工作室内中央部分的地基就会导致地基承载力不足而出现急剧下沉或是倾斜下沉的情况。特别是在初期浇筑阶段由于沉箱还没有贯入地基，处于不稳定状态，因此必须对地基进行充分的研究。

2）承载力

为了提高挖掘施工效率，避免给挖掘作业带来障碍必须确保工作室内有尽可能开阔的空间，但是在此之前如果由于承载力不足造成沉箱自动下沉，可能造成在工作室内不能进行挖掘作业的状况，因此沉箱在施工时必须进行承载力研究。

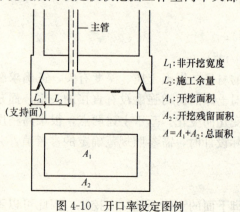

图 4-10 开口率设定图例

$L_1$：非开挖宽度
$L_2$：施工余量
$A_1$：开挖面积
$A_2$：开挖残留面积
$A = A_1 + A_2$：总面积

工作室内开口率是指最小限度的必要作业面积与沉箱底面积的比值。关于工作室内开口率的设定问题，主要取决于初期下沉时的各种具体条件，但是从以往的工程实例来看一般设定在50%～70%的居多，参考实例如图4-10所示。根据开口率，可算出刃脚部的支持宽度，从而计算出能够支撑沉箱的必要承载力度，要求该必要承载力度必须大于地基的极限承载力度，以保证在设定开口率情况下沉箱不下沉。

3) 承载力不足情况下的对策

地基承载力不能满足的情况下，首先从结构构造的角度考虑能否予以解决，比如尽量减轻沉箱结构重量或是在工作室内设置支撑从而增大支撑面积等方法。当从结构构造的角度不能解决时，必须采取地基改良等措施提高地基承载力。沉箱下沉时刃脚下的地基改良一般是采用砂桩挤密法，但是考虑到噪声振动等问题有时也采用其他方法。

## 第四节 沉箱下沉施工技术

### 一、下沉前准备工作

沉箱下沉前需具备以下条件：
(1) 所有设备已安装、调试完成，相应配套设施已配备完全；
(2) 所有通过底板管路均已连接或密封；
(3) 支承、压沉系统已安装完毕，且井壁混凝土已达到强度。

### 二、沉箱下沉出土流程

由于采用远程遥控式沉箱工艺，因此正常状况下工作室内没有作业人员，沉箱出土依靠地面人员遥控操作工作室内设备进行。出土方法可采用螺旋出土法或吊筒法，简述如下：

**1. 螺旋出土法**

当进行挖土作业时，悬挂在工作室顶板上的挖土机根据指令取土放入皮带运输机的皮带上，当皮带机装满后，地面操作人员遥控皮带机将土倾入螺旋出土机的底部储土筒内。待螺旋出土机的底部储土筒装满土后，地面操作人员启动螺旋机油泵，开动千斤顶将螺旋机螺杆（外设套筒）逐渐旋转并压入封底钢管内，保持螺杆头部有适度压力，通过螺杆转动使土在螺杆与外套筒之间的空隙内上升。最后从设置在外套筒上方的出土口涌出，落入出土工作室，土箱满后，由行车或吊车将出土箱提出，并运至井外。重复上述流程，即可完成沉箱出土下沉施工。出土流程如下：

(1) 螺旋机筒体提升至封底钢管进土口上部，待皮带机送土。
(2) 遥控挖机挖土、装土：监视器的显示器显示挖机所在位置的实时情况→电脑显示挖机所在的平面位置→电脑显示工作室土的标高三维图→遥控挖机动作：动臂上下、斗杆伸缩、斗铲转动、挖机回转、挖机在吊轨上行走→完成相应位置的挖土动作即铲斗装满土→监视器显示皮带机的位置、状态→置皮带机于低位→遥控挖机将土装到皮带机上。

(3) 皮带机运转将皮带机上的土送至螺旋出土机底部储土筒内，并可注入适量水或浆液 [见图 4-11 (a)]。

(4) 待土装满到螺旋出土机底部储土筒的腰部开口处，皮带机停止送土，继续待挖机向皮带机装土。

(5) 千斤顶将螺旋机筒向下压，并同时转动螺旋机，对螺旋出土机底部储土筒内的土进行搅拌、加压，[见图 4-11 (b)]。待螺旋机筒降到将储土筒腰部开口封住后，钢管内形成一个密闭的土仓，在千斤顶与螺旋机的加压下，土压力升高，打开螺旋机的出土门，在螺旋机的转动下将土送出螺旋机的出口，[见图 4-11 (c)]。

(6) 在底板上设土斗，待螺旋机出土装满一斗后，即吊出井外。

(7) 螺旋机降到储土筒底部后，停止转动，并用千斤顶提升螺旋机筒至封底钢管进土口上部，待皮带机送土。

(8) 重复上述出土过程循环。

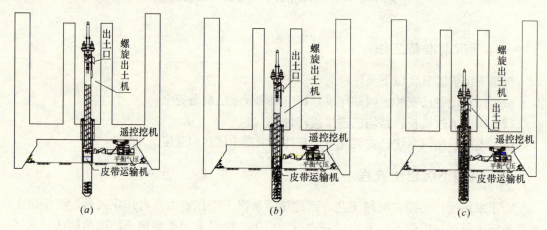

图 4-11 施工流程
(a) 流程一；(b) 流程二；(c) 流程三

该出土流程的主要特点是通过螺旋出土机下压建立初始压力，通过螺杆旋转使土在螺旋机内形成连续的土塞，并在螺杆旋转过程中不断从出土口挤出。该出土方式借鉴了土压平衡盾构螺旋出土方式。当土在螺旋机内形成连续的、较密实的土塞后，可以防止工作室内的高压气体向外界渗透。在螺旋机连续出土的过程中，不会有大量气体泄漏，也不必经过物料塔出土须两次开、闭闸门的过程，施工效率较高。

当沉箱穿越砂性土层时，土质不密实，则螺旋机土塞存在漏气的可能，因此在螺旋机上设置了注水、注浆装置。在穿越较差土层时，可向螺旋出土机底部储土筒内的土注水、注浆以改善土质。

**2. 吊筒出土法**

物料塔出土过程：物料塔两道气闸门关闭→挖掘机挖土→经皮带机运输至土斗→土斗提升，下道气闸门打开→土斗提升至上下两道气闸门之间，下闸门关闭，开放气阀→上闸门打开，土斗提升至塔外。

进塔过程：物料塔两道气闸门关闭→上道闸门打开，土斗下降至上下两道气闸门之间→开进气阀，向两道气闸门之间供气，使压力与工作室压力相当→打开下闸门，土斗下降至工作位置→下闸门关闭。

除备用出土外，物料塔还是沉箱下沉至底标高后工作室内主要设备拆除后运出井外的主要通道。

采用物料塔出土，其出土过程稍显繁琐，但如将物料塔出土流程分解后交叉操作，也可使施工效率有一定提高。如在物料塔外设溜槽，当土斗吊出上闸门后，直接翻身倾倒在溜槽内，土从溜槽内运至底板上工作室，当土箱堆满土后，吊出井外。同时土斗在倾倒完以后可直接下至上下闸门之间进行下一次出土操作。

### 三、沉箱挖土下沉

沉箱下沉是一个多工种联合作业的过程。沉箱工作室挖土、出土由地面操作人员遥控完成，如图4-12所示。同时沉箱下沉还应与外围支承及压沉系统的施工相协调。各工种之间的协调通过现场实时监测，管理层根据现场监测数据进行各工种之间的协调施工。

(a)

(b)

图4-12 工作室及控制室

工作室内挖机挖土时按照分层取土的原则，一般按每层30～40cm左右在工作室内均匀取土。同时应遵循由内向外，层层剥离的原则。开始取土时位置应集中在底板中心区域，逐步向外扩展。使工作室内均匀、对称的形成一个全刃脚支承的锅底，使沉箱安全下沉，并应注意锅底不应过深。

由于刃脚处为气体最容易逸出的通道，因此挖机取土时一般应避免掏挖刃脚处土体，随着沉箱的下沉，刃脚处土体会逐渐被挤压至中间方向，再依靠挖机取出即可。但沉箱下沉一定深度后，由于气压反力的影响使沉箱下沉缓慢，这时可适当分层掏挖刃脚土体。但应始终保留刃脚处部分土塞，防止气体外泄。同时此时沉箱的下沉可依靠助沉措施，如千斤顶压沉等来进行。

当沉箱一次下沉结束后，工作室内停止挖土，进行结构接高浇筑混凝土、养护等。待接高段混凝土达到一定强度后，再继续进行下沉。此阶段由于沉箱停止下沉，应注意开挖面可能有隆起现象，因此在沉箱一次下沉到位，等待接高过程中，应注意下部不可开挖锅底过深。为了防止挖机铲斗内出现黏土粘结现象，在工作室顶板上设置了水枪，可及时冲刷铲斗。同时还可通过适当调整工作室内气压大小改变土体含水率，使土体便于挖掘和倾倒。

### 四、螺旋机出土

当储土舱内装满土后，螺旋机螺杆下压旋转，带动土体上升并由上部出土口挤出。并倾倒在底板以上吊斗内，再由吊车将装满土的吊斗吊出井外倾倒。

为提高出土效率，在螺旋机出土口设置了液压旋转出土口，出土口下设两个吊斗，当一个吊斗装满土并被吊运出井倾倒时，出土口可旋转至另一吊斗内继续装土，这样就节省了吊车吊运卸土时间，提高了工作效率（见图4-13）。

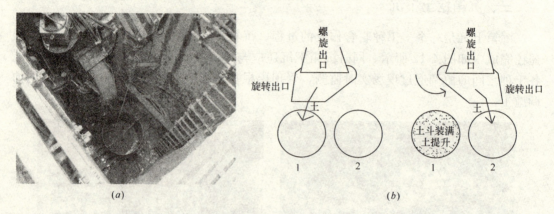

图4-13　螺旋机出土工作示意

由于螺旋机依靠内部土塞来阻挡下部高压气体泄漏，为判断螺旋机内土塞密实度，在螺旋机上设置了土压力表，可随时观察螺旋机内土压力的变化，并根据土压力大小适当调节螺旋机一次出土量。但螺旋机严禁一次出土过多，防止螺旋机内部土体被出空，导致出土口产生强烈气喷现象。同时为了保证螺旋机内土塞密实度，螺旋机在出土过程中严禁反转。

一旦因螺旋机内土塞较松散使出土口出现气喷现象，应立即关闭出土口闸门，并将螺旋机下压，使下端埋入储土筒内土体中，隔绝气体泄漏通道。

根据螺旋机的结构形式，一般较小、单块的障碍物（≤10cm）可混在土体中由螺旋机运出。但在开挖面一旦出现较大直径的障碍物时，需通过物料塔等设备运出。

由于螺旋出土机底部储土筒在底板下呈悬臂状插入下部土体中，下沉过程中储土筒很可能因沉箱姿态变化而承受较大弯矩。因此在储土筒外部设置了三根水枪，当沉箱下沉时开动，冲刷松动储土筒外围土体，防止储土筒因受力过大而变形。

## 第五节　支承、压沉系统施工技术

通常气压沉箱主要是靠沉箱的自重克服下沉阻力包括井壁与土之间的摩阻力、刃脚地基反力、气压反力等来下沉的，是一种自然下沉工法。气压沉箱的下沉存在初期有突沉趋势而后期又下沉困难的特点，主要是首节制作高度较大（包括刃脚、底板及一部分箱壁结构，先形成沉箱工作室）、结构自重大，而浅层地基承载力低，并且开始下沉时工作室内气压反托力及沉箱周边摩阻力均较小，导致沉箱初期下沉系数较大。如沉箱下沉速度过快，工作室出土速度不能满足沉箱下沉速度，则势必造成工作室内土体上涌，甚至可能损坏工作室设备；而在沉箱下沉后期，随着下沉深度的增加，工作室内气压也须相应调高。沉箱所受下沉阻力（包括外壁摩擦力，刃脚阻力，气压反力等）相应逐渐增大，导致沉箱下沉困难。

在国内早期的气压沉箱工艺中往往采取在工作室内设枕木垛作为附加支承的形式。当沉箱下沉一定深度后，沉箱下沉所受综合反力（刃脚反力＋侧壁摩阻力＋气压反力等）可基本平衡结构自重时，再将枕木垛拆除。但枕木垛的拆除要在气压下人工进行，工作环境及施工效率均较差，同时枕木垛放置在工作室内妨碍挖机作业。

在国内的沉井、沉箱施工中，如沉箱需调整下沉姿态或助沉时，常规往往通过偏挖土，地面局部堆载，加配重物等方式进行，施工繁琐，施工精度和时效性均较差。通过在沉箱外部设置外加荷载系统，可较方便地对沉箱进行支承（初沉时）及压沉（后期下沉时），可对沉箱下沉速度作及时控制。同时可通过分别调节沉箱四角外加荷载的大小，较精确的进行沉箱下沉姿态控制。

## 一、施工工艺流程

施工准备→钻孔桩施工→沉箱制作→箱壁上安装外挑钢牛腿→安装支承系统（以支承砂筒连接下部桩基与上部钢牛腿）→沉箱在支承作用下挖土下沉→移去支承砂筒安装压沉系统（以穿心千斤顶加探杆连接下部桩基与上部钢牛腿）→沉箱在压沉作用下挖土下沉。支承及压沉工艺流程图如图4-14～图4-15所示。

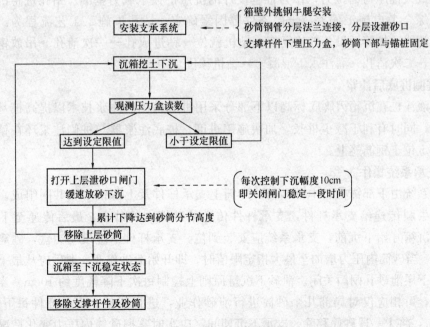

图 4-14 支承工艺流程图

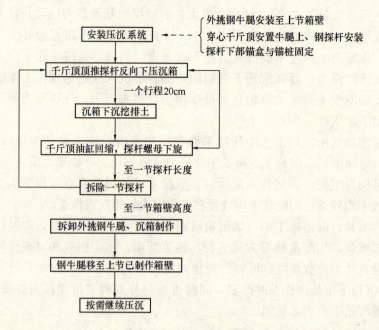

图 4-15 压沉工艺流程图

## 二、施工要点

**1. 钻孔灌注桩施工**

钻孔桩分别提供支承、压沉工况的锚压、锚拉反力,根据沉箱下沉工况安排,应经计算确定最大锚压与锚拉力,作为桩基设计的抗压抗拔承载力基准。钻孔桩距沉箱外壁的净距应综合考虑施工偏差、土层条件等因素确定。钻孔桩施工工艺流程为:施工准备→测量放线→护筒埋设→桩位复核→钻机就位→钻进成孔→一次清孔→吊放钢筋笼→安放导管→二次清孔→灌注水下混凝土→钻机移位。

**2. 桩侧桩底后注浆**

钻孔灌注桩在沉箱刃脚底标高以下部分采用桩底桩侧后注浆技术以提高桩基抗压抗拔承载力,同时有利于减少桩长,加快施工进度。桩底注浆器与桩侧注浆环在钻孔桩施工时绑扎定位于钢筋笼上。

**3. 支承系统操作**

支承系统由下部锚桩、中部砂筒、砂筒上支承杆件及上部钢牛腿共同组成。沉箱荷载由上部牛腿传递给支承杆件,支承杆件传递给砂筒内的砂土,最后传递至下部桩基(抗压)。沉箱开始下沉前,支承系统应安装到位。支承杆件下埋设压力盒,砂筒内砂料为干细砂。当砂筒内压力增加至最大指定限值时,即开始泄砂作业。泄砂应从最上方泄砂孔开始,下层泄砂孔闸门关闭。泄砂下沉量原则上控制每次下降幅度约10cm。当出现偏斜情况时,可相应仅对局部几个砂筒进行泄砂作业,进行纠偏。支承杆件每下沉30~50cm左右,将上一段砂筒移除。支承下沉期间,应实时掌握砂筒内压力变化情况及沉箱四角高差情况等数据,以便及时指导与启动泄砂作业。

## 4. 压沉系统操作

压沉系统由下部抗拉桩，中部探杆，上部牛腿及穿心千斤顶共同组成。千斤顶产生的反拉力传递给牛腿，再传递给结构，对结构产生下压力，同时千斤顶产生的反拉力由探杆锚头传递给下部桩基（抗拉）。加压前应仔细检查各锚固点的牢固性，确保锚杆垂直受力。以及各探杆之间的连接牢固情况。开始千斤顶下压力不应太大，具体每次加载重量应根据具体情况进行加压。探杆为分段连接，在沉箱下沉一定深度后，即应考虑换杆。沉箱下沉不均匀时，可一次仅启动局部几个千斤顶进行加压作业，或每个角所加压力不相等。

# 第六节 设备安装及辅助设备的配备

## 一、主要施工设备的安装

下部工作室内施工设备主要包括：自动挖掘机及其配件、皮带运输机及其配件、螺旋出土机下部储土筒、施工照明灯具、监控用摄像头、三维成像设备、通信设备等。

在底板达到强度，下部脚手体系拆除后开始进行设备安装。由于此时底板已浇筑，因此须将设备分件拆卸后，通过底板上的预留孔洞将设备运输至下部工作室内，再进行组装、安装工作。设备加工时已考虑此因素，各部件拆卸后体积均可满足通过预留孔洞需要。

底板以上施工设备主要包括：人员塔塔身及闸门段、过渡舱，物料塔塔身及闸门段，气闸门，螺旋出土机设备，以及相关液压设备的油泵车等。

同时为满足遥控施工的需要，地面上在合适位置还需布置遥控操作室，布置遥控操作，监控等设备，以便操作人员进行遥控操作施工。

安装顺序为先安装底板以下各类设备及电缆布置，随后安装底板以上各类设备并布置供、排气管，油管，电缆等各类管路及线路。

在工作室顶板上安装的主要设备如表 4-1 所示。

顶板安装设备  表 4-1

| 序号 | 设备名称 | 位置 | 序号 | 设备名称 | 位置 |
| --- | --- | --- | --- | --- | --- |
| 1 | 轨吊挖机 | 底板下 | 8 | 气压的监控设备 | 底板下 |
| 2 | 顶轨 | 底板下 | 9 | 紧急报警 | 底板下 |
| 3 | 皮带式运输机及皮带机提升设备 | 底板下 | 10 | 修理工具设备 | 底板下 |
| 4 | 监视摄像 | 底板下 | 11 | 备用材料 | 底板下 |
| 5 | 场内通信 | 底板下 | 12 | 空气质量的监控设备 | 底板下 |
| 6 | 地下供电配电箱、线、照明 | 底板下 | 13 | 出土设备封底钢管 | 底板下 |
| 7 | 中继控制箱、线 | 底板下 | 14 | 三维成像设备 | 底板下 |

在底板上安装的主要设备如表 4-2 所示。
在底板上布置的主要辅助设备如表 4-3 所示。

底板安装设备　　　　　　　　　　　　　　　　　　　　　　表 4-2

| | 序号 | 设备名称 | 位置 | 序号 | 设备名称 | 位置 |
|---|---|---|---|---|---|---|
| 人员塔组成 | 1 | 筒柱 | 底板上 | 4 | 筒内监控 | 底板上 |
| | 2 | 上阀门筒 | 底板上 | 5 | 筒内照明 | 底板上 |
| | 3 | 筒内的供排气与压力控制设施 | 底板上 | 6 | 排气消声设备 | 底板上 |
| 物料备用塔组成 | 1 | 筒柱 | 底板上 | 6 | 筒内照明 | 底板上 |
| | 2 | 上阀门筒 | 底板上 | 7 | 排气消声设备 | 底板上 |
| | 3 | B 塔筒内门阀的闭、通设备 | 底板上 | 8 | 操作安全平台 | 底板上 |
| | 4 | 筒内的供排气与压力控制 | 底板上 | 9 | 平台辅助监控 | 底板上 |
| | 5 | 筒内监控 | 底板上 | | | |
| 出土螺旋机（C 塔） | 1 | 螺旋机驱动设备 | 底板上 | 2 | 千斤顶 | 底板上 |

底板主要辅助设备　　　　　　　　　　　　　　　　　　　表 4-3

| | 序号 | 设备名称 | 位置 |
|---|---|---|---|
| 灌水设备（下沉压重灌水用） | 1 | 灌水管道及阀 | 底板上 |
| | 2 | 排水泵 | 底板上 |
| 出土设备（吊运出井） | 1 | 出土斗 | 底板上 |

在地面上布置的设备如表 4-4 所示。

地面设备　　　　　　　　　　　　　　　　　　　　　　　表 4-4

| | 序号 | 设备名称 | 位置 | 序号 | 设备名称 | 位置 |
|---|---|---|---|---|---|---|
| 排土设备 | 1 | 门吊 | 地面上 | 2 | 大泥箱 | 地面上 |
| 重要安全设备及备用设备 | 1 | 气压调节设备 | 地面上 | 3 | 专用医疗仓 | 地面上 |
| | 2 | 备用发电机 | 地面上 | | | |
| 空气供给设备 | 1 | 空气压缩机 | 地面上 | 5 | 储气包 | 地面上 |
| | 2 | 冷却器 | 地面上 | 6 | 空气净化处理设备 | 地面上 |
| | 3 | 冷却塔 | 地面上 | 7 | 空气循环系统及空气管道 | 地面上 |
| | 4 | 分离器 | 地面上 | 8 | 人员仓自动控制减压设备 | 地面上 |
| 遥控台 | 1 | 地下施工监控 | 地面上 | 4 | 塔内气压的监控 | 地面上 |
| | 2 | 地下轨吊挖机的操作与控制 | 地面上 | 5 | 供电配电设备箱 | 地面上 |
| | 3 | 塔内的监控 | 地面上 | 6 | 通信设施 | 地面上 |

沉箱施工的主要预埋件如表 4-5 所示。

主 要 预 埋 件　　　　　　　　　表 4-5

| 序号 | 设 备 名 称 | 位 置 | 序号 | 设 备 名 称 | 位 置 |
|---|---|---|---|---|---|
| 1 | 预埋供气管及备用管 | 底板及结构中 | 8 | 预埋备用物料塔底座 | 底板中 |
| 2 | 预埋供电管及备用管 | 底板中 | 9 | 预埋螺旋出土塔底座 | 底板中 |
| 3 | 预埋控制电线管及备用管 | 底板中 | 10 | 工作室吊轨埋件 | 底板中 |
| 4 | 预埋压力供水管 | 底板及结构中 | 11 | 皮带机吊架及千斤顶埋件 | 底板中 |
| 5 | 预埋其他管 | 底板及结构中 | 12 | 工作室起重安装埋件 | 底板中 |
| 6 | 预埋人员出入塔底座 | 底板中 | 13 | 工作室四角安装埋件 | 底板中 |
| 7 | 预埋封底套管 | 底板中 | 14 | 预埋封底注浆管 | 底板中 |

## 二、设备布置的原则

### 1. 工作室内设备

根据工作室面积大小和挖机设计布置挖机运行轨道，挖机轨道及数量应保证工作室内任何区域的挖土需要。皮带运输机的布置要考虑螺旋机进土口的设置及操作方便。工作室内照明、摄像、通信等布置以满足施工需要，便于地面遥控及室内遥控施工为原则，实际安装中进行了调整。

### 2. 穿底板预埋管线的布置

考虑到沉箱结构自身的特点，为操作方便，大量电缆管，供、排气管，油管等可集中布置。考虑到预埋管路的不可修复性，预埋管路在布置时均考虑用一备一。封底预埋管及封底压浆管则根据封底混凝土扩散要求满堂布置。

### 3. 辅助设备的配备

空压机是气压沉箱的供气源，在工作室内充气后应持续工作，以不断补充工作室内损失的气压。考虑到气压沉箱可能会在闹市区施工，空压机施工时应注意控制其施工噪声、振动等对周边环境造成的污染。同时应配备气体净化、冷却装置，以保证工作室内工作人员的健康要求（见图4-16）。

图 4-16　空压机房

沉箱用气消耗公式按下式计算：

$$V_1 = k(\alpha F + \beta U)\left(1 + \frac{H}{10.33}\right) \tag{4-6}$$

式中　$F$——沉箱工作室顶板及四周刃脚内表面积之和；

$U$——沉箱刃脚中心周长；

$\alpha$——经过面积 $F$ 每平方米逃逸的空气量。此值视混凝土的密实程度而定，对表面未喷防水砂浆的可取 $\alpha=0.5\sim0.6\text{m}^3/\text{h}$，对内表面喷防水砂浆的取 $\alpha=0.35\text{m}^3/\text{h}$。考虑到该公式为早期沉箱施工时采用，目前混凝土的抗渗等级较以往已有极大提高，高压气体通过混凝土表面析出的可能性已极小，因此 $\alpha$

取小值 $0.30\text{m}^3/\text{h}$。

$\beta$——经过刃脚底部四周每延米每小时逃逸的空气量。视土质的透气程度而定，对黏土取 $\beta=1.0\text{m}^3/\text{hm}$，对砂土取 $\beta=2.0\sim3.0\text{m}^3/\text{hm}$。

$k$——施工消耗空气量系数，一般取 $k=1.25\sim1.35$。

$H$——沉箱下沉至终沉标高时原静水头高度再加上 2m。

现场应设置备用气源，同时现场需自备发电机，作为紧急备用电源。空压机供气管路上设置了自控和手控两路阀门，平常以自控为主，在自控出现故障时可紧急调换至手控控制。供气管路的耐压性需满足工程需要。由于沉箱需不断接高、下沉，供气管路在靠近沉箱处应为软管。同时在结构接高时，管路还需进行接长。因此现场必须有多路供气管路，以满足管路调换的需要。

同时为控制工作室内气压波动幅度，在底板上还需设置排气阀，在工作室内压力高于设定值时，可打开排气阀降低压力。排气管路需预埋在底板结构中，排气阀可设置自控和手控两路阀门，同时在排气管路上还可以安装气体检测设备，在作业人员进入工作室内时，应对工作室内气体质量进行检验。

### 三、其他

**1. 施工用电**

由于工程设备多，尤其是空压机在气压施工时连续工作时间长，因此现场施工用电量较大。施工用电需考虑满足施工高峰时用电要求，同时考虑到气压供给的连续性，现场应采取双路供电，并在现场自备发电机以备突然停电情况下应急供电。

由于现场施工，尤其是工作室内部须布置大量强、弱电电缆，因此应对工作室内各类电器线路作详细规划，统一布置。并应有效采取屏蔽措施，防止强、弱电路之间的互相干扰。

**2. 施工通信**

现场各作业点及工作室内部与遥控操作室之间均采用有线电话及对讲机联系。

## 第七节　沉箱封底施工技术

沉箱下沉到位后，其工作室内部空间需填充，可采用自密实混凝土进行封底施工。

当沉箱下沉至设计标高后，应进行 8h 的连续观察，如下沉量小于 10mm，即可进行封底混凝土浇筑施工。施工时将泵车导管与预埋管上口相连，打开闸门，利用泵车压力将混凝土压入工作室内。由于混凝土自重大，且从地面浇筑，可克服工作室内高压气体压力进入工作室内。当一处浇筑完毕后，将闸门关闭，然后将混凝土导管移至下一处进行浇筑。

施工时要求封底混凝土具有足够的流动性，因此采用自密实混凝土，以保证混凝土在工作室内均匀摊铺。施工中应利用多辆泵车连续浇筑，并须保证混凝土浇筑的连续性。浇注顺序为：从刃脚处向中间对称顺序浇筑。在混凝土浇筑前刃脚处的土应尽量掏除干净。向工作室内浇筑混凝土时，由于工作室内气体空间逐渐缩小，可通过底板上排气装置适当放气，以维持工作室内气压的稳定。

在浇筑混凝土过程中，混凝土导管上应设置闸门，以备当混凝土供应不及时时，可临时关闭闸门，防止高压气体从导管处逸出。

由于封底混凝土与底板之间可能存在空隙，可在封底结束后，通过底板处预埋的注浆管压注水泥浆进行空隙填充，注浆管与封底混凝土导管交叉布置，最后封底混凝土基本充满沉箱底部工作室，此时应维持物料塔及人员塔内的气压不变，待封底混凝土达到设计强度后再停止供气。在封底后进行底板预留孔的封堵。施工示意图如图4-17所示，沉箱封底现场如图4-18所示。

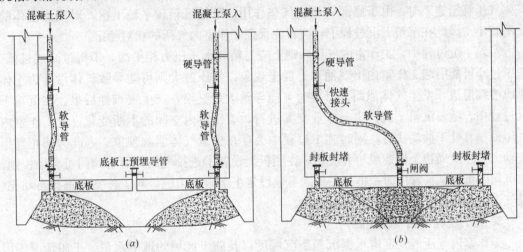

图4-17 施工示意
(a) 步骤一：两侧浇筑；(b) 步骤二：中间浇筑

图4-18 沉箱封底现场

## 第八节 施工过程控制

### 一、施工过程的气压控制

**1. 气压控制原则**

气压沉箱施工时,由于底部气压的气垫作用,可使沉箱较平稳下沉,对周边土体的扰动较小。因此在沉箱下沉过程中,应首先保证工作室内气压的相对稳定。

沉箱下沉过程中,工作室内气压原则上应与箱外水土压力相平衡,不得过高或过低。气压过小可能引起工作室内出现涌水、涌土现象,气压过大则可能导致气体沿周边土体形成渗漏通道,发生气体泄漏,严重时可能导致大量气喷,产生灾难性后果。在沉箱下沉过程中,随着沉箱下沉、出土作业交叉进行,工作室内空间的不断变化,使工作室内气压值一直处于波动状态;同时施工过程中会存在少量气体泄漏现象。因此为防止气压波动太大,对周边土体造成较大扰动,在底板上设置了进排气阀,所有阀门可自动控制。在沉箱下沉至某一深度时根据相关施工参数设定上下限压力值,对工作室内进行自动充、排气,以维持工作室内气压的相对稳定。

**2. 施工过程中的气压控制**

工作室内气压的设定应根据沉箱下沉深度以及施工区域的地下水位、土质情况等因素来进行设定,以保证气压可与箱外水土压力相平衡。因此在沉箱外侧应设置水位观测井。根据地下水位情况、沉箱入土深度、承压水头的大小、穿越土质情况等因素决定工作室气压的大小。

沉箱初期下沉时,一般刃脚必须插入原状土一定深度,并应到达地下水位以下,才可以向工作室内加气压,以保证建舱成功。

在沉箱下沉初期,由于刃脚插入土体深度浅,刃脚周边密闭性差,此时工作室气压值可略低与地下水位值,以防止土体中形成气体渗透通道。在沉箱下沉一定深度后,再逐步将气压值调至与地下水土压力相当。气压值的设定,随着下沉深度的增加,沉箱工作室气压应相应调高。实际沉箱下沉过程中,气压的调节还要根据开挖面土层干燥度等因素来调节,通过调节气压大小,使开挖面保持在比较干燥状态,有利于挖机挖土施工。

**3. 防止气压泄漏措施**

为避免气体从刃脚处泄漏,实际工作室内的气压可略低于地下水位,这样可使工作室内的地下水位略高于刃脚,起到水封闭的作用,防止气体沿刃脚外泻。当工作室内气压的大小对开挖面土体干燥度有直接的影响,应考虑土体含水量过高对出土施工的影响。

当工作室内在气压加压后,高压气体在土体中有一个缓慢渗透的过程,这是工作室内气体损失的一个重要因素。施工中发现,沉箱在穿越渗透系数较小的土层时,其气体损失率相对较低,但在穿越渗透性较强的砂性土及杂填土层时,其气体损失率则较高。因此沉箱在穿越砂性土等渗透性较高土层时,应特别注意维持气压在等于或略低于地下水位的水平,防止气体大量泄漏。

施工中由于沉箱下沉对周边土体造成扰动,使局部土体松散,则工作室内高压空气有可能从土体缝隙中逸出。施工中表明,此时及时将沉箱继续下沉一定深度,将刃脚下土体压实,隔绝气体渗透通道,对阻止气体进一步泄漏的效果较明显。同时在沉箱外围设置了触变泥浆套,利用黏度较高的泥浆填充沉箱周边在下沉过程中可能形成的土体缝隙。

为保证气体发生较多泄漏时工作室内气压的维持,现场供气设备须考虑备用措施。在发生较明显气压泄漏时,采取各种应急措施,还应保持供气系统正常供气,避免工作室内气压下降过多引起开挖面土体上涌。空压机及供气管路均应分多路供气,便于一旦发生故障可及时调换,同时现场应自备发电机,以备现场突然停电后空压机可以正常运转。

## 二、助沉措施

一般助沉措施分加载法和减阻法,工程中常用的几种助沉方法及原理如表 4-6 所示。

助沉方法及原理　　　　　　　　　　　　　表 4-6

| 工法名称 | | 概　　要 | 适　用　性　能 |
| --- | --- | --- | --- |
| 加载方法 | 加载荷重 | 在沉箱顶端堆放重物(各种型钢、预制混凝土块等),从而增加下沉力的方法 | 1. 在下沉抵抗力很大的情况下,仅靠增加上方堆载可能仍然不能满足要求,因此需要同时采用其他辅助工法。<br>2. 由于上方堆载妨碍挖土作业,需要反复进行加载与卸载作业导致施工繁琐 |
| | 压入 | 从埋地锚杆获得反力,借助于设置在沉箱顶端的加压桁架,通过液压千斤顶将沉箱压入地基的方法 | 由于采用强制性的垂直输入方式,因此倾斜少而且纠正容易。但是,刃脚以下地基是黏性土的情况下,如果压入下沉采用过多导致黏性土地基固结,会导致刃脚反力增大 |
| 减小摩擦的方法 | 涂特殊表面活性剂 | 在沉箱外表面涂抹表面活性剂,极力降低摩擦系数从而降低摩擦抵抗力的方法 | 1. 对于黏性土地基有良好效果,但是对于砂质土、硬质地基通常不能期待其效果<br>2. 需要同时采用其他辅助施工方法 |
| | 高压空气 | 事前在沉箱侧壁上分段设置空气喷射孔,通过该喷射孔喷射压缩空气,从而降低摩擦抵抗力的方法 | 1. 对于黏性土地基,由于消除了粘着力而有良好效果,但是对于砂质土地基由于空气消散,效果较不明显<br>2. 对于鹅卵石、漂石地基几乎没有任何效果 |
| | 高压水 | 用高压水取代压缩空气,通过喷射高压水从而降低摩擦抵抗力的方法 | 1. 对于黏性土、粉土的细颗粒土地基效果明显,但是喷射方法的不同对地基有不同程度的扰动<br>2. 对于鹅卵石、漂石地基几乎没有任何效果<br>3. 一般同时还采用其他辅助施工方法 |
| | 泥水注入 | 通过设置在沉箱侧壁上的孔向沉箱与侧壁间注入比重重的膨润土等泥水从而降低摩擦抵抗力的方法 | 对砂质土地基效果明显而且对地基的扰动也小。但是在地下水流动的情况下泥水也有可能流出 |

续表

| 工法名称 | | 概　要 | 适用性能 |
|---|---|---|---|
| 减小摩擦的方法 | 振动爆破 | 通过炸药爆破振动作用施加在沉箱上从而降低摩擦抵抗力的方法 | 1. 如果火药量过多可能会损伤刃脚<br>2. 需要注意对周围浇筑物的影响 |
| | 夹入薄膜 | 在沉箱外周面和地基之间布置薄钢板或是与地基密切结合的高分子强化薄膜从而降低摩擦抵抗力的方法 | 在施工过程中切断夹入薄膜的情况下破坏周围摩擦力的平衡，从而容易导致沉箱下沉倾斜 |

采用泥浆套、空气幕、减压和压重等助沉措施时，下沉前应检查设备、管路的完好情况。在软土地基必须慎用减压助沉。在减压助沉时，必须严格控制气压，防止地基隆起和流砂现象。在下沉最后1m的范围内不能使用减压下沉。采用泥浆套助沉的沉箱，终沉后应及时对箱壁外泥浆进行置换。

# 第九节　气压沉箱施工的生命保障系统

## 一、高压作业的流程控制

由于气压沉箱施工过程中工作室内的设备、通信、供电系统可能需要调试维修，在沉箱下沉至底标高时工作室内主要设备还需进行拆除并运出井外。因此施工过程中仍需维修人员在必要时进入工作室气压环境内，作业人员进出沉箱下部工作室是通过人员进出塔进行的。

**1. 沉箱工作室的人员进出程序**

维修人员进出人员塔的流程如下：

1) 从常压环境进入高压环境

若人员塔过渡舱内的主舱有压力：作业人员进入进口闸，关闭进口闸外门；舱内人员检查通讯及应急呼叫状态是否良好，舱外操舱通过电视监控观察舱内人员的工作状态；开始加压，加至与主舱平衡，打开舱外平衡阀，至压力完全平衡；舱内人员打开进口闸内门，即可进入主舱的工作压力环境。该状态一次进入2人。

若过渡舱内的主舱没有压力：作业人员通过进口闸进入主舱，并关闭进口闸内门；舱内人员检查通讯及应急呼叫状态是否良好，舱外操舱通过电视监控观察舱内人员的工作状态；开始加压，加至与下部人舱段平衡，舱外工作人员开启主舱与人舱标准段之间的平衡阀；同时舱内作业人员开启主舱底部舱门上的平衡阀，待完全平衡后开启底部舱门；人员即可进入人舱段的压力环境中；该状态一次进入2人。

另一种进舱方法为：作业人员通过进口闸进入主舱，并关闭进口闸内门；舱内人员检查通讯及应急呼叫状态是否良好，舱外操舱通过电视监控观察舱内人员的标准段之间的平衡阀；同时舱内作业人员开启主舱底部舱门上的平衡阀，待完全平衡后开启底部舱门；人员即可进入人舱段的压力环境中；该状态一次可进入6~8人。人员进入前应先行检测作业环境内的危险有毒气体情况。

2) 从高压环境回到常压环境（以进入人员塔过渡舱的主舱为例）

作业人员准备回到过渡舱前，舱外工作人员应关闭进口闸内门，并对过渡舱主舱进行加压；将压力加至与下部人舱段平衡后，通知作业人员打开底部舱门上的平衡阀，待舱压完全平衡后，打开舱门；作业人员进入过渡舱主舱内，关闭底部舱门，并通知舱外工作人员开始吸氧，舱外人员应密切注意舱内氧浓度值的变化（氧浓度应严格控制在25%以下），随时保持通风状态；待压力降至 0.12MPa 时，或继续吸氧减压，按程序逐步减至常压状态，作业人员出舱；或在减压至 0.12MPa 时，不停留直接减压出舱，在 5 分钟之内必须进入移动舱内，再加压至 0.12MPa，继续按程序吸氧减压；后者可大大缩短在过渡舱内停留时间。

**2. 高气压作业人员要求**

(1) 自觉遵守制度，主动配合气压医师、兼职医师及气闸工做好保健工作。

(2) 进舱人员应在进舱作业前 1 小时用餐完毕。

(3) 进舱人员主动向医师或兼职卫生员如实报告身体情况，包括主观感觉，经体检合格后方可进舱。应解大小便、更换工作服及交出一切火种（火柴和打火机）和易受压密闭用品如手机、水笔等准备工作；提前 10 分钟集体进入气压闸。

(4) 未经医师许可，不得擅自进入气压工作舱。

(5) 工作人员一律由人行闸进出，禁止从物料闸出入，严禁在气闸内吸烟。在气压下作业时，要经常变换劳动姿势和休位，注意安全操作。

(6) 完成当天高气压作业后，务必在常压下连续休息 12 小时以上，方可参加次日的高气压作业。特殊情况应征得气压医生的同意，应按重复气压施工进行减压，采用延长减压方案。决不允许随意更改或缩短减压时间。

(7) 严格遵守减压方案和医学追踪观察规定。减压时，应取坐姿，注意保暖，不要赤膊倚靠闸壁，不要喧闹嬉打。出舱后，应在工地现场休息室，进行医学观察 2~4 小时，不要剧烈活动，医疗观察结束，经医师同意后，方可离开工地。途中，切忌快速骑自行车、跑步。

**3. 停留站和减压方案的选择**

严格按照高气压作业减压表的减压方案进行减压。气压医师根据气压人员在气压环境下工作时间、工作面的深度（压力）和劳动强度等环境因素选择相应的减压方案进行减压，同时做好每天的高气压施工日志和加压、减压过程工作记录和人员在舱内的情况记录，并由当班医生和施工负责人签字。

**4. 高压氧舱操作规程**，如图 4-19 所示。

## 二、气压状态下的环境控制

**1. 氧浓度**

移动氧舱如图 4-20 所示。工作室内有人状态下的氧浓度控制在 19%~23%，（舱门外侧安装一台氧监测仪）另配备携带式测氧仪可在隧道内随时监测氧浓度。

补氧方式：以（空气）通风形式。

通风方式：供气管路持续供气，并适当开启放气阀门。保证工作室内的空气流通。

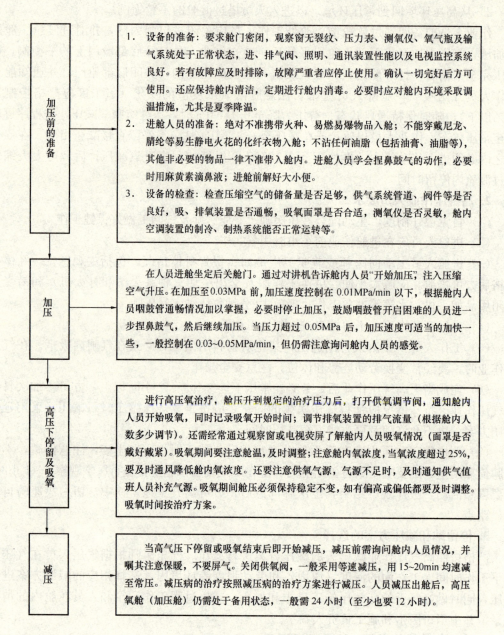

图 4-19 高压氧舱操作规程

**2. 二氧化碳**

工作室内的二氧化碳产生量：(分钟)劳动状态：2.7 升/分/人×人数。

降低二氧化碳浓度方式：以(空气)通风形式。配置一台二氧化碳监测仪。(0.4%～0.5%通风)

**3. 有毒气体**

配置多台沼气类浓度报警装置。如有毒气体超标，以(空气)强通风形式，降低环境有毒气体浓度。

**4. 降温**

饮用适量含盐饮料，并以（空气）通风形式，降低环境温度。医疗舱内设置空调系统。

**5. 照明**

过渡舱内的照明灯具必须是低压和防爆。

**6. 消防**

工作室内及过渡舱及移动减压舱均需配备清水灭火器。

图 4-20 移动氧舱

## 三、气压作业人员的安全保障

**1. 气压工的筛选原则**

为了安全有效的完成在高气压下的施工任务，应建立一支适应高气压环境作业的施工队伍。应根据有关气压工的标准进行挑选高气压下工作的各工种作业人员，并对其进行高气压下的试验和训练，这样才能保证高气压环境下的作业和施工，才能顺利有效地、安全地完成高气压下的施工任务。

参加作业的气压工应通过体检，确定是否适宜做高压下作业施工，气压工还应有非常健康的身体，因为他们还要负担着某些重体力劳动，只有体格健壮，才能适合高气压作业。

**2. 气压工的培训**

通过气压工作人员的选拔和筛选，应具有体检合格证书。通过高压舱加压试验合格者再进行作业前的加压训练，逐步适应高气压下的工作环境，每人至少要完成10次以上的加压训练，急救基础知识（包括心肺复苏）的培训，还要进行消防知识的教育和相关知识的培训，并了解和掌握消防器材的使用和灭火技能的操作和演练。

训练课程包括下述内容：

（1）概要讲述施工现场高气压作业环境，了解高气压环境下的生理、心理保健；

（2）了解和掌握高气压作业施工技术要求，供气、通信系统的设备；

（3）了解和掌握高气压作业中有关应急操作程序；

（4）作业环境中的危险因素，如何做好个人防护措施，防寒保暖工作；

（5）加压与减压过程中的医学性，如何做好调教前调节功能，如何急救（包括心肺复苏）等；

（6）气压作业事故处理程序，如何启动应急预案。

**3. 气压工的医疗保障**

（1）气压工在作业前对自己的身体情况应如实向负责气压施工的保健医生汇报，不要隐瞒病情，以防意外发生（如患感冒、发热，不宜参与高气压作业，因感冒病人的咽鼓管不易开启，有鼻塞的病人不易通气，如在高气压环境下不能有效地进行咽鼓管功能调节，易引起两耳鼓膜受压破裂，还易引起各种气压伤）。

(2) 每次作业前,经一般体检,征得医师同意后,以每次进舱人员为单位,填写高气压施工表,填妥相关内容后进舱。

(3) 气压工在作业时应听从指挥,不要随意玩弄气压舱内的管道和阀门,加压和减压过程中不要赤膊依靠舱壁,减压时应取坐姿,注意保暖。避免减压病的发生和各种损伤。

(4) 气压作业人员应自觉遵守气压舱的工作制度和操作规程,应在进气压舱作业前一小时用餐完毕。进舱前应解好大小便,更换工作衣,交出火种(火柴和打火机等火种)。严禁在气压舱内吸烟,严禁在气压舱内大小便,保证舱内空气新鲜,防止火灾事故发生。

(5) 在气压舱内作业时,要经常变换劳动姿势和体位,注意安全操作。为了防止减压病的发生,应严格遵守气压医师选定的减压方案,不要随意改变减压方案。出舱后应在工地安静休息,有条件应立即进入浴池内泡澡,使体内残留的氮气进一步排出。切记剧烈活动,防止减压病的发生。

(6) 一旦发生减压病,应立即进行加压治疗,工地有加压舱的立即进舱加压治疗,并制定治疗方案。条件不具备的,立即联系送指定专业治疗医院进行加压治疗,在运送途中,应注意保暖,并向治疗医院医生讲明施工作业情况,包括作业的时间和工作压力,以便医院治疗时确定治疗方案和措施。应仔细分析减压病发生的原因,进一步做好减压病的预防工作。

(7) 在完成当天的施工任务后,如采用舱面减压,人员从气压闸(过渡舱)出来后立即转入高压氧舱(加压舱)实施水面减压法,这一过程时间应控制在 6min 时间内,同时务必做到:①迅速脱去有油脂的工作服;②擦洗净手上的油污,进舱后迅速加压,加压至原工作过渡舱的第一停留站(根据减压方案)进行减压。继续完成减压。

(8) 一般情况下减压后需在常压下连续休息 12 小时以后,方可参加次日高难度气压作业。特殊情况应征得气压医师的同意。应按重复气压施工的减压方案减压,修改减压方案,延长减压时间,绝对不能随意更改或缩短减压时间。

**4. 急救常识**

(1) 在高气压作业期间,医务人员应随作业人员在现场值班保障及医学监护。除对进出高气压环境的人员实施加压指导及制订减压方案外,无论什么时间,对发生的高气压疾病,应及时进行抢救(或救治)。

(2) 如在高气压作业期间,作业人员遇严重高气压疾病伴有昏厥(或昏迷)时,应仔细检查血压、心脏、肺部等生命指标,并详细了解病因,及时制订出相应的加压治疗方案。

(3) 在救治的过程中,必要时高气压医务人员可陪同其他临床医疗人员一起进舱救治,并带好必备药械。

(4) 在加压治疗过程中,以抢救生命放在第一位,必要时可不考虑鼓膜的情况。

(5) 根据加压治疗的情况,及时修订下一步的治疗方案,制订出完整的治疗计划。

(6) 病员出舱后,不论是否苏醒,应立即转送至事先安排好的临床医院,做好与病房医生的交接班工作。

# 第十节 沉箱施工的管理

## 一、现场管理

沉箱施工涉及到多个工作面联合施工。一般管理包括：

(1) 每天上班前，施工部门做施工准备工作，项目管理层应分析各类上报数据，包括：沉箱姿态情况，气压管理情况，设备运转情况，工作室出土情况，支承及压沉系统工作情况，周边环境影响情况等，现场相关设备运转情况等。各类数据由相关作业班组按程序上报，由项目管理部门分析后发出施工指令，由施工部门统一调配。

(2) 供气系统分为空压机管理及供排气闸门管理。具体包括：空压机日常管理，供气管路日常维护，底板进、排气压力的调节，每天具体压力调节数值由项目管理部门及施工部门讨论，随后施工部门指令供气组长执行。供气组长反馈执行情况至施工部门。

(3) 施工部门根据项目管理层指令，指挥沉箱出土施工，支承压沉系统施工，灌水、压沉系统施工等。并同时反馈施工执行情况。

(4) 现场测量需连续监测沉箱姿态情况。监测频率由项目管理层根据沉箱下沉情况确定。

(5) 现场监测变化，周边环境监测由监测员上报项目管理层。监测频率由项目管理层根据沉箱下沉情况确定。

(6) 当需要作业人员进入工作室时，由医疗保健组长统一管理减压舱操作，过渡舱操作，以及对外医疗联系等。如沉箱工作室内出现故障，或遇其他情况需进入沉箱工作室内。施工员应立即报告，经项目管理层讨论后，作业人员才可下至工作室内进行作业。

(7) 现场电工负责维护施工用电（特别是沉箱工作室内）正常。现场配备发电机，当遇到临时停电时，需马上启动备用电源，保证空压机（至少一台），工作室内照明、摄像，地面遥控操作室内各设备的电力供应。

## 二、沉箱出土管理

沉箱出土涉及挖机、皮带机、螺旋出土机以及相关辅助工序的联合运行。以下按工序分别介绍各相关工序操作规程。

**1. 挖机挖土作业**

挖机挖土后将土堆至皮带运输机上，皮带运输机转动将土倒入螺旋出土机下端储土筒内。当土堆满螺旋储土筒后，皮带机停止喂土，此时挖机可继续向皮带运输机上堆土，但不宜堆放过多。

(1) 挖机挖土区域必须以工作室中心开始，然后由中心逐渐向四周均匀扩展。

(2) 挖土过程须听从工程负责人指挥，对工作室内土体均匀分层开挖，分层厚度以30~40cm为宜。禁止在某一处过度开挖。

(3) 当沉箱需工作室挖土纠偏时，挖机应根据施工员指挥，有针对性的掏除局部土体，但仍注意不得过度开挖。

（4）现场挖土与支承或压沉系统同步进行，两者之间的协调由各施工班长听取上一级施工部门统一管理。

（5）挖机挖土过程中在无特殊指令情况下，严禁掏挖刃脚处土体。

（6）挖机在挖土过程中，尽量利用斜铲作业，以提高工效。

（7）施工中挖机臂除喂土动作外，其余时间禁止过度上扬，以免碰坏工作室顶板设备。

（8）挖机回转时，应尽量缩臂回转，避免伸臂过长与工作室其他设备发生碰撞，同时回转时应控制回转速度。

（9）作业过程中应避免两台挖机相距太近，特殊情况时，如两台挖机同时清除沉箱中线部位土体，或同时向皮带运输机喂土时，操作员须协调好作业顺序，禁止两台挖机在同一个区域内同时伸臂作业。

（10）挖机在停止向皮带运输机运土期间，禁止挖斗满土等待。

（11）挖机挖斗内如残留大量黏性土无法倾倒，可将挖机开到工作室内特定位置进行清洗铲斗。

（12）每次挖机交接班时，操作员应将挖机归零，并填写交接班记录。交接班记录包括：挖机动作情况，工作室内挖土情况，土质情况等。

**2. 皮带运输机操作**

（1）皮带机可在向储土筒喂土过程中连续运转，当储土筒堆满土后，皮带机停止运转，此时挖机仍可以向皮带机倒土，但注意不宜倾倒太多，以免皮带机于堆载过多启动导致皮带打滑。

（2）挖机往皮带机上堆土时，应注意均匀平摊，避免在局部大量堆载。

（3）随着沉箱的下沉，皮带机下方土体需不断清除。皮带机操作员应注意在沉箱下沉过程中，如皮带机口下土体较多，导致皮带机相对上抬，影响喂土时，即应吊起皮带机，并通知挖机操作员清除皮带机下方土体。

（4）同时皮带机操作员还应注意皮带机在长期动作过程中是否有移位现象，如影响喂土作业，则应报告施工员进行处理。

（5）皮带运输机在长时间运作后，由于皮带变松弛，会出现皮带打滑、跑偏现象，此时应对皮带松紧度进行调整。

（6）操作员交接班需填写操作情况日报表。

**3. 螺旋出土机操作**

（1）螺旋出土机螺杆平时在高位放置，当下部储土筒内装满土后，螺旋出土机操作员开启千斤顶，螺杆旋转并下压。

（2）下压时，操作员应注意，初始压力不易太大，以螺杆能够继续下压即可。

（3）螺杆下压过程中，底板以上出土口同时出土，当土装满出土斗后，或螺旋出土机完成一个下压行程后，起重工指挥行车将土斗吊出井外倒土。

（4）当螺杆下压到底部后，提升螺杆，提升期间螺杆不应转动，尤其严禁反转。在螺杆提升至最高位时，一次动作结束。操作员报告后，皮带机可进行下一次喂土作业。

（5）在下压过程中操作员须观察螺旋出土机油泵压力及储土筒内压力盒读数。当压力大于给定值时，说明储土筒内土体过于密实难于挤出，此时应将螺杆上抬一段，向储土筒内注水、浆以改善土质，然后进行重新下压。一般情况下不宜采取反转螺杆松动土塞的方式。

（6）现场施工员应随时观察螺旋出土机出土口是否有漏气现象，如发现应及时关闭螺旋机出口闸门，同时下压螺杆，观察储土筒内土压力。当储土筒内土压力上升后，再将螺杆上抬。

（7）操作员应随时观察并记录螺旋出土机操作压力，出土口漏气情况，便于及时调整操作压力值，以及决定是否向储土筒内加水、加浆。

（8）同时现场施工员应注意螺旋出土机结构，特别是柱脚，储土筒与底座法兰连接处，盘根密封处，如有结构变形，螺栓松动现象及时报告，如有盘根松动、漏气现象及时拧紧，如拧紧无效果要及时调换。

（9）当沉箱下沉过程中，现场施工员应同时开动储土筒外高压水枪冲刷筒外土体，在沉箱停止下沉时关闭。

（10）每次交接班时，操作员应填写交接班记录。包括设备运转情况，土质情况，以及本班出土量等。

### 三、操纵室管理

（1）作业开始前首先应确认作业现场没有人和其他影响操作的障碍物，如有问题及时处理。

（2）每班次开始操作前，首先检查各仪表开关是否正常。

（3）检查监视、监听系统，调试确认视、听系统正常，合上挖机电控箱电源开关，在操作台上按下启动按钮，空载运行5min，逐步调节变频器，使转速达到1200rpm以上。进行各个空动作以确认挖机状态良好。

（4）确认挖机状态正常后进行作业。作业中应注意因为油缸伸缩速率不同而带来的操作差异，操作尽量缓慢平稳，禁止在一个运动尚未停止前突然将手柄转向相反方向的操作。注意各个视角的盲区，充分利用不同视角之间的互补作用。

（5）操作中须注意油温报警、限位报警等报警信号，发生报警后须立即停止操作，采取措施解除报警，严禁在报警状态下继续操作。每一操作人员在操作结束后，须将挖机停至零位。

（6）作业暂停或结束时，应将铲斗降至地面，缩回长臂，旋转机身至零位。

（7）操作途中发现任何异常，须立即停车，决不可带病工作，并进行必要的维护，维修未完禁止使用，机器在操作中不得实施维护保养，需要维护保养时，必须停机，必要时切断电源。

（8）挖机须进行定期检修，连续工作一周左右需对各螺栓、油缸、油管进行检查，如有松动、漏油等情况及时解决。

（9）挖机操作人员必须经过专门培训，非挖机操作、维护人员不得擅自开动挖机，操作人员操作时须精力集中，头脑清醒。对于疾病、过劳等健康欠佳人员不得进行挖机作业。

## 四、供气系统管理

(1) 供气系统（包括管路、闸门）等日常维修、保养需专人负责，并建立维修、保养交接班制度。

(2) 在正常供气以前，应对供气系统进行联合试运行，确定管路、阀件密闭性良好。

(3) 在沉箱工作室内开始加气压时，每天工作室内的气压值的维持值由技术部门决定，随后由专职施工员下达指令至空压机管理人员。空压机管理人员根据指令调节空压机出口压力。

(4) 在工作室内充满气压后，工作室内气压理论上不应出现大的波动。施工员必须随时监测工作室内气压波动情况，当气压值波动幅度大于 0.1 个大气压时，应立即报告。

(5) 工作室内气压在沉箱下沉、沉箱接高、支承及压沉系统作业过程等不同阶段均有不同控制指标，同时须根据地下水位高度，孔隙水压力，承压水的大小，土层的变化等多种影响因素确定。因此要求除各类相关数据由各班组按程序上报外，现场施工员还须随时注意沉箱出土的土质变化，工作室内开挖面水位变化等情况，并及时汇报。

(6) 在供气系统正常运行后，空压机操作人员必须每日巡查供气管路，底板预留孔，外井壁处是否有漏气现象。

(7) 空压机操作人员应建立交接班制度，交接内容包括：上一班的供气系统运行情况，供气系统的气密性，上一班的气压维持值、气压波动情况等。

(8) 现场必须保证配备备用电源，一旦出现停电事故，需马上启动备用电源，保证空压机，工作室内照明、摄像，地面遥控操作室内的电力供应。

(9) 在底板上建立上游压力，在空压机出口处建立下游压力。压力控制采用自控和手控双重控制。一般以自控为主。在自控阀门失灵时，关闭自控阀门，采用手控阀门控制。同时检修自控阀门。

(10) 一旦发生管路漏气现象，应立即启动备用管路，随后关闭漏气段管路闸门，并进行调换检修。

(11) 正常工作时以一台空压机为主要供气源，一旦空压机出现故障，应关闭管路闸门，启动备用空压机。

(12) 在机械维修作业人员进入工作室内前，需检测工作室内空气质量，并须进行工作室换气，此时空压机出口气体应注意净化处理。在工作室内气体合格后维修人员才可以下至工作室内。

## 五、支承系统管理

**1. 支承系统的组成**

支承系统由下部支承桩，中部砂筒、砂筒上支撑杆件，上部牛腿共同组成。

沉箱荷载由上部牛腿传递给支撑杆件，支撑杆件传递给砂筒内的砂土，最后传递至下部支撑桩。

**2. 第一次下沉前准备**

(1) 支承系统在沉箱第一次下沉前安装，在第一次下沉到位后拆除。

（2）沉箱开始第一次下沉前，支承系统应安装到位。支撑杆件下应埋设土压力盒，以便反映上部杆件所受支撑力的大小。

（3）支撑杆件安装时，上端应距离沉箱井壁上钢牛腿有10cm左右，使沉箱在开始掏砖胎膜时能够有一定的自沉深度。

（4）刃脚内膜掏除时，必须遵循对称分块的原则，先掏四角处的刃脚内膜，随后逐渐掏除中间部位的内膜。

（5）当局部内膜开始掏除后，沉箱开始出现沉降，此时应记录刃脚下土压力数值，作为砂垫层极限承载力参考数值。

### 3. 支承系统操作

（1）随着刃脚内膜的逐渐掏除，沉箱沉降增大，井壁处牛腿开始压在砂筒内支撑杆件上，此时每根砂筒处应专门指定一名操作人员随时观察砂筒内土压力的变化情况。

（2）当砂筒内土压力增加至最大指定限值时，即开始掏砂作业。

（3）掏砂时必须先从最上方掏砂孔开始，严禁从最下方掏砂孔开始作业。

（4）在支撑杆件上设立标尺，每次杆件的掏砂下沉量由技术部门决定，原则上每次掏砂使上端杆件下降幅度约10cm。

（5）由于沉箱下沉的不均匀性，可能一次仅对局部几个砂筒进行泄砂作业。具体每次作业顺序应由技术部门决定。

（6）具体掏砂情况应根据每只砂筒内土压力变化情况，刃脚下土压力变化情况，沉箱四角高差情况等，并根据沉工作室挖土情况进行作业。沉箱下沉期间，测量员应现场跟班测量。现场施工员需随时掌握上述数值的变化。

（7）支撑杆件每下沉30cm左右，将上一段约30cm的砂筒割掉，便于杆件的继续下沉。

（8）在沉箱停止挖土的交接班时间，应预先将支撑杆件下降20cm左右，以留出沉箱自沉空间。在交接班时间，施工员应定期检查砂筒内土压力盒压力情况，当达到极限压力时，必须马上进行卸砂作业。

（9）由于支承装置涉及工作室内作业人员的重大安全问题，因此在支承系统作业期间，施工员应每日巡查支承系统情况，重点为砂筒、支承牛腿等构件是否出现较大变形。如发现问题，须立即报告，并撤离工作室内作业人员，防止出现重大安全事故。

## 六、压沉系统管理

### 1. 压沉系统的组成

压沉系统由下部抗拉桩，中部探杆，上部牛腿及穿心千斤顶共同组成。千斤顶产生的反拉力传递给牛腿，再传递给结构，对结构产生下压力。同时千斤顶产生的反拉力由探杆传递给下部抗拉桩。

### 2. 压沉系统操作

（1）加压前应仔细检查各锚固点的牢固性，确保锚索垂直受力。

（2）千斤顶使用过程中，应每日巡查油路情况，泵车运行情况。

（3）在沉箱接高后下沉初期，由于井壁混凝土还未达到最大强度，应主要依靠工作室内挖土使沉箱下沉。

(4) 在下沉的后半阶段，开始使用压沉系统，开始千斤顶下压力不应太大，具体每次加载重量应根据具体情况进行加压。

(5) 由于沉箱下沉的不均匀性，可能一次仅启动局部几个千斤顶进行加压作业，或每个角所加压力不相等。具体每次作业顺序应由技术部门决定。

(6) 加压过程应结合刃脚下土压力变化情况，沉箱四角高差情况等，并根据沉工作室挖土情况进行综合控制。沉箱下沉期间，测量员应现场跟班测量。现场施工员需随时掌握上述数值的变化。

(7) 采用探杆压沉时，应注意千斤顶上端螺母的锚固情况，以及各探杆之间的连接牢固情况。

(8) 由于探杆为分段连接，因此在沉箱下沉一定深度后，即应考虑换杆，具体高度根据工作探杆有效长度确定。

(9) 为防止出现沉箱牛腿因下沉过快卡住下部限位螺母，限位螺母应随着牛腿下沉而随时调低，并始终保持一定距离。当出现卡死情况时，可松动下部砂箱砂土后再调低限位螺母。

(10) 由于探杆采用外套筒连接，当沉箱牛腿下沉过快顶住外套筒时，同样采取松动下部砂箱砂土的方式。

(11) 沉箱下沉时需随时监测刃脚下土压力情况，当每次刃脚下土压力大部分即将达到峰值，即考虑进行压重作业，以避免掏挖刃脚。

(12) 在沉箱每次机械维修人员进入工作室进行维修作业时，应停止挖土，并将所有千斤顶加压一个行程，使刃脚下部土体密实，防止沉箱突沉。

(13) 当每次沉箱下沉到位，准备下一次接高时，也应将所有千斤顶加压一个行程，使刃脚下部土体密实，防止沉箱因上部结构增大发生突沉。

(14) 当沉箱出现气体沿井壁处泄露时，可立即将所有千斤顶加压一个行程，使刃脚下部土体密实，防止沉箱因上部结构增大发生突沉。

(15) 加压系统作业时，施工员应仔细检查牛腿，受压区混凝土情况，如出现结构变形，混凝土裂缝等，应及时调小压力值。

# 第五章 沉箱施工过程的风险分析及监控

## 第一节 沉箱施工期间的风险分析

### 一、施工过程分析

主体结构采用气压沉箱工艺施工，结构制作阶段风险程度相对较小，施工主要风险阶段应为沉箱下沉阶段。

首先对沉箱下沉过程做一简要分析。气压沉箱由于下部气压的存在，可有效平衡外界水土压力，因此在下沉过程中不需要降水，可避免降水引起的周边地面沉降。由于沉箱结构变形一般较小，因此沉箱施工主要风险阶段应为沉箱下沉阶段。

沉箱下沉的基本原理是依靠在沉箱底部挖土后，沉箱依靠自重及附加荷载，克服下部阻力后下沉，其下部阻力包括刃脚处土体承载力，井外壁摩阻力，以及气压作用形成的向上反托力。当沉箱开始下沉后，如工作室内停止挖土，则沉箱在下沉一定深度后，由于刃脚处插入土体深度增加，刃脚所受土体承载力加大，则沉箱逐渐停止下沉，此时如继续挖土，则沉箱又继续下沉。因沉箱下沉为一动态过程，下沉过程中各作用力的大小不易精确确定，因此应根据具体施工监测情况进行综合评估。

沉箱下沉时，在初期阶段由于插入土体深度浅，是容易出现下沉偏差的阶段，但是也容易进行调整。因此在沉箱下沉初期应根据监测情况控制好沉箱姿态，以便形成良好下沉轨道。

在沉箱下沉中期，沉箱下沉轨道已形成，应以保证施工效率为主，可适当提高下沉速度，并根据监测情况对沉箱姿态合理控制。

在沉箱下沉后期，应逐渐控制下沉速度，而根据监测情况以调整沉箱下沉姿态为主，使沉箱下沉至设计标高时能够满足施工精度要求。

沉箱在下沉过程中，当沉箱姿态发生较大偏差后需及时纠偏，可通过工作室内偏挖土，以及外部偏加荷载等多种方式，形成纠偏力矩，对沉箱进行纠偏。沉箱的纠偏应注意勤测勤纠，小角度纠偏的原则，以避免大角度纠偏对周边土体产生较大扰动。

当沉箱下沉后期，由于气压反力，侧壁摩阻力的增大，导致沉箱下沉困难。此时可通过外加荷载（如千斤顶压重，井内灌水，灌砂等）对沉箱进行压沉，同时可通过外壁注浆等手段减小侧壁摩阻力，促使沉箱最终沉至设计标高。

当沉箱下沉至设计标高，准备封底施工时，一般应进行 8 小时的连续观察，如下沉量小于 10mm，即可进行封底混凝土浇筑施工。为了防止沉箱发生较大后期沉降，可在沉箱下沉到位前预留一定的自沉量。工作室内气压应在封底混凝土达到强度后再降低。

以上为沉箱施工过程的基本控制原则，具体施工中应根据现场监测数据作具体分析，根据现场监测数据所反映的沉箱姿态的变化，及时的、有选择性的采取一种或多种手段进行施工过程控制，并根据具体情况对各施工参数进行调整。

同时由于采取气压沉箱工艺施工，施工过程中工作室内气压的大小对平衡外界水位十分关键，气压过小会引起开挖面土体隆起，涌水涌砂现象，气压过大则可能引起气体突然泄露，导致沉箱突沉，同时工作室内气压产生的上托力，还是影响沉箱下沉的一个重要因素。

## 二、施工风险源分析

结合以上分析，沉箱下沉的主要风险源有：

(1) 沉箱下沉出现较大高差、位移，导致沉箱下沉施工精度不能满足设计要求。同时，沉箱下沉过程由于姿态控制不好，对周边土体的扰动较大。

(2) 沉箱下沉到位时出现少沉或超沉现象，导致下沉施工不满足设计要求。

(3) 沉箱封底后，沉箱发生较大后期沉降。

(4) 沉箱下沉过程中，气压控制不好，引起周边土体的沉降或出现漏气现象。

因此，沉箱本体监测主要应为沉箱下沉姿态监测，下沉深度监测，以及下沉及封底过程中的气压大小的控制。

鉴于以上分析，在沉箱下沉过程中须建立必要的监控措施，以便根据施工具体情况及时采取相应施工手段进行调整，确保整个施工质量。

# 第二节 监 控 措 施

## 一、监测的目的

在沉箱施工过程中，先在场地制作好刃脚，底板及底板以上井壁，然后在工作室内挖土，依靠气压平衡水土压力，依靠沉箱自身重量，克服外井壁与土的摩阻力、刃脚土的支撑力等而下沉，关键技术是确保其平稳下沉，而下沉过程中沉箱周围土体的应力状态、结构内力和刃脚土压力是沉箱能否顺利下沉的控制因素。其中任一应力及变形的量值超过容许的范围，都将影响沉箱的顺利下沉或对基坑周边环境产生不利的影响，从而造成巨大的经济效益和不良的社会影响。因此在沉箱施工的过程中，有必要对沉箱的结构内力、基坑周围土体和基坑周边的环境进行全面和系统的监测。一方面，通过监测对沉箱的变形及内力进行实时监控，从而确保结构本身的安全并保证周边的环境的变形在可控范围内。另一方面，监测的结果可以验证设计时所采取的假设和参数的正确性，评价相关的施工技术措施的效果，从而指导沉箱的施工。此外，完整的监测资料是结构和土层在工程施工过程中的真实反映，是各种复杂因素影响和作用下气压沉箱系统的综合体现；同时可以为以后同类工程的设计和施工提供借鉴。

## 二、沉箱施工监控内容

施工监测项目应根据设计要求、监测目的以及周围环境保护要求进行监测，实施动态设计和信息化施工。监测内容包括沉箱结构的内力变形监测和周边环境监测等，监测内容可按照下表 5-1 选择。

监 测 内 容   表 5-1

| 序号 | 项目 | 内容 | 选项 |
|---|---|---|---|
| 1 | 沉箱结构监测 | 沉箱平面几何中心位置 | √ |
| 2 | | 下沉深度和下沉速率 | √ |
| 3 | | 沉箱倾斜姿态（四角高差） | √ |
| 4 | | 工作室内气压 | √ |
| 5 | | 工作室内净空高度 | √ |
| 6 | | 沉箱结构变形 | △ |
| 7 | | 沉箱结构内力 | △ |
| 8 | 周围环境监测 | 土体深层侧向位移 | √ |
| 9 | | 沉箱外地下水位 | √ |
| 10 | | 地下水孔隙水压力 | △ |
| 11 | | 土体深层沉降 | △ |
| 12 | | 周围建筑物及路面、地表沉降 | √ |
| 13 | | 周围建筑物及路面裂缝 | △ |
| 14 | | 邻近地下管线水平、竖向位移 | √ |

注：√为必测项目，△为宜测项目。

测量基准点应在施工前埋设，经观测确定其已经稳定时方可投入使用，基准点不少于 2 个，并应设在施工影响范围之外，监测期较长时应定期联测以检验其稳定性，并应采取有效保护措施以确保其在整个施工期间正常使用。监测点应稳定可靠，标识清晰，能直接反映监测对象的变化特征。在施工前应对所有测点进行初始观测，初始观测不少于 3 次。各类传感器在埋设前均应进行标定，各种测量仪器除精度需满足要求外，应定期由法定计量单位进行检验、校正并出具合格证。

## 三、监控频率及报警

施工监测数据应具备概括性强，能及时反映施工进展情况的特点。结合相关施工经验，在沉箱下沉阶段主要包括沉箱姿态情况、沉箱下沉深度、工作室内气压大小、结构内力、周边土体变形等数据。

监测工作自始至终要与施工的进度相结合，监测频率应与施工工况相一致，应根据气压沉箱施工的不同阶段，合理安排监测频率。各监测项目应根据实际施工情况调整监测频率，当观测值相对稳定时，可适当降低频率，当达到报警指标或观测值变化速率加快或出现危险征兆时，应加密观测。

对于沉箱状态的监测，在沉箱下沉过程中保证每一个台班至少 1 次；在停止下沉的状态时保证每天 1～2 次。如发现倾斜和偏位等情况及时纠正。其中，工作室内气压和沉箱倾斜姿态的监测应采用自动采集系统全过程实时监控。

对于周围环境监测的内容，在沉箱下沉过程中保持每天1~2次；在停止下沉状态时每周2~3次；沉箱下沉到位后，监测频率改为每周1~2次。在沉箱内部结构施工过程中继续进行沉箱沉降和环境监测，直到稳定或施工结束。

对于结构受力变形的测试，在下沉过程中保证每天至少观测2次，在停沉接高工况下适当减少检测频率，但在停沉接高前后必须立即进行测量。

报警指标一般由累计变化量和变化速率两个量来控制，累计变化量的报警指标不应超过设计限值。对周边环境监测的报警指标应按一级基坑的控制要求确定。具体报警指标应结合实际工程及周围环境条件确定，可参考表5-2。

报 警 指 标　　　　　　　　　　　表5-2

| 序号 | 项目 | 内容 | 累计变化量 | 变化速率 |
|---|---|---|---|---|
| 1 | 沉箱结构监测 | 沉箱平面几何中心位置 | 200mm | 100mm/d |
| 2 | | 下沉深度（超沉） | 500mm | — |
| 3 | | 下沉速率 | — | — |
| 4 | | 沉箱倾斜姿态 | 2‰ | 0.5‰/d |
| 5 | | 工作室内气压 | | |
| 6 | | 工作室内净空高度 | 1800mm | |
| 7 | | 沉箱结构变形 | | |
| 8 | 周围环境监测 | 土体深层侧向位移 | 20~50mm | 1~3mm/d |
| 9 | | 沉箱外地下水位 | 1000mm | 300mm/d |
| 10 | | 土体深层沉降 | 20~60mm | 1~3mm/d |
| 11 | | 周围建筑物及路面、地表沉降 | 20~60mm | 1~3mm/d |
| 12 | | 周围建筑物及路面裂缝 | — | — |
| 13 | | 邻近地下管线水平、竖向位移 | 10~15mm | 2~5mm/d |

除以上监测要求外，在进行沉箱结构内力及变形和环境监测时，还需满足以下要求：

（1）下沉速率根据设计和施工方案确定控制指标；

（2）沉箱姿态也可由四角沉降差控制，沉降差累计值不大于300mm；

（3）室内气压监控应根据设计要求和施工方案确定，若气压降低过快时应自动报警；

（4）沉箱结构变形根据设计要求确定控制指标；

（5）裂缝监测为特殊要求，应根据建（构）筑物的重要性由设计提出相应指标；

（6）环境监测的各项指标应根据周边环境条件确定，可在表中的变化幅度内选取。

## 四、沉箱主体结构监测

沉箱主体监测点的布置应充分考虑沉箱的形状、位置及深度、宽度和施工进度等因素。监测点布置能反映结构受力和变形的变化趋势。

沉箱结构墙体中部、阳角处、结构受力和变形较大处宜布置监测点，周围有重点监护对象应加密监测点。不同监测项目的监测点宜布置在同一断面上。监测点布置尚应满足设计和施工单位要求。各类监测点布置原则可根据《基坑工程施工监测规程》（DG/TJ

08-2001-2006 J10884-2006)的相关规定进行。

在沉箱下沉过程中，利用经纬仪和水准仪监测沉箱四角位置，由此计算确定沉箱平面几何中心位置，控制几何中心的位置偏移距离，保证其偏移在容许范围以内。在停沉接高前后应该对平面几何中心位置进行测量校核。

利用下沉计或水准仪测定沉箱四角的下沉深度，并控制沉箱的下沉深度。根据固定间隔时差的下沉深度差计算得到下沉速率，保证其在容许的控制范围之内。在停沉接高前后和下沉到位前需要对下沉深度和下沉速率进行测量控制。

利用测斜仪和水准仪监测下沉过程中的沉箱姿态，测量沉箱四边的高差和倾斜率，保证沉箱的倾斜角度在容许范围以内。

沉箱工作室内气压通过供气系统进、排气处压力表读数确定。沉箱倾斜姿态、工作室内气压和内净空高度、沉箱压重量（包括千斤顶压重及灌水压重量）的监测应采用自动采集系统进行全过程监控。

利用钢筋计或应变计测量沉箱结构的内力，传感器不宜采用电阻式传感器。传感器使用前应进行标定，在沉箱制作时进行安装，安装方法应符合产品设计要求与监测要求。

所有传感器导线从井壁内引至地面采集点，穿越混凝土需要用套管保护，沉箱制作施工时必须注意导线的保护。

有特殊要求的沉箱可对沉箱侧壁变形进行监测。在沉箱侧壁内预埋测斜管，利用高精度测斜仪观测沉箱侧壁不同深度处的侧向变形，以管口为基准点，测量精度应达到0.5mm。测斜管深度与沉箱结构相当，随着沉箱接高施工同步接高。测斜管安装时应保持竖直，并使一对定向槽对准设计方向。

沉箱主体结构监测的频率除满足表5-2的要求外，宜参考表5-3执行。

主体结构监测频率　　　　　　　　　　表5-3

| 下沉工况 | 监测频率 | 备注 |
|---|---|---|
| 下沉前 | 至少测3次初值 | 最后两次初值应基本稳定 |
| 下沉过程中 | 1次/d，如监测数据超过警戒值，应2次/d | 应特别注意沉箱下沉初期以及沉箱最后一次时候的测量数据，同时注意气压与外界水位的关系 |
| 结构接高过程 | 2次/7d | |
| 封底过程中 | 1次/d，如监测数据超过警戒值，应2次/d | 由于封底前沉箱姿态已基本调整完毕，封底过程中主要注意沉降情况，以及气压维持情况 |
| 封底结束后7d～30d | 1次/3d | 主要为沉箱后期沉降情况 |
| 后期30d～60d | 1次/15d | 主要为沉箱后期沉降情况 |

沉箱主体结构监测的报警值除满足表5-2的要求外，宜参考表5-4建议值执行。

沉箱主体结构监测报警值　　　　　　　表5-4

| 项目 | 沉箱每次下沉到位时（除终沉外） | 沉箱每次下沉过程中 |
|---|---|---|
| 沉箱位移情况（平行线路方向） | 1%$H$ | 20cm |
| 沉箱位移情况（垂直线路方向） | 10cm | 20cm |
| 沉箱四角高差 | 30cm | 30cm |

由于第一次沉箱沉入土深度浅，容易产生较大位移，因此建议放大至 10cm。

## 五、沉箱施工环境监测

周边环境监测包括各类临近建（构）筑物、地下管线及地表的监测。建（构）筑物监测内容为垂直、水平位移、倾斜、裂缝等；地下管线监测内容为垂直、水平位移；地表监测内容为垂直位移、裂缝。周边环境监测点的布置应根据基坑各侧边工程监测等级、周边邻近建（构）筑物性质、地下管线现状等确定。

施工前应收集周边建（构）筑物状况（建筑年代、基础和结构形式等）、地下管线（类型、年代、分布与埋深等）资料，并组织现场交底。位于地铁、上游引水、河流污水等重要地下公共设施安全保护区范围内的监测点布置设置，应依据有关管理部门技术要求确定。各类监测点布置原则可根据《基坑工程施工监测规程》（DG/TJ 08-2001-2006 J10884-2006）的相关规定进行。

在沉箱周围的土体内预埋测斜管，利用测斜仪观测土体不同深度处的侧向变形，以管口为基准点，测量精度为 1mm。测斜管深度应大于沉箱下沉深度 5～10m，测斜管安装时应保持竖直，并使一对定向槽对准设计方向。测斜管至少在施工前 1～2 周埋设，保证施工前测斜管变形达到稳定。沉箱每边至少 1～2 点，宜设在每边的中间部位，当边长跨度较大时可增加测点。在垂直沉箱外边的方向上宜布设 1～2 个测试断面，每个断面上有距沉箱外边距离不等的 3～5 个测孔，观测不同距离的土体水平位移情况以分析沉箱的影响范围，亦可在重要建筑物或地下管线前布设监控点。

在沉箱外钻孔预埋地下水位观测井，地下水位的监测采用地下水位计测试，其标尺最小读数不大于 5mm。地下水位监测应同时对潜水层和承压水层进行观测，承压水观测井深度根据实际土层情况确定，应进入承压水层适当深度；潜水水位观测井埋深在 5～8m。观测井应沿沉箱外壁周边布置，每边水位观测井和承压水位观测井不少于 1 孔。

用埋设孔隙水压力计的方法观测沉箱外土体孔隙水压力，测试精度为 1kPa，孔隙水压力计的竖向布置应结合沉箱分节制作和土层情况综合确定。孔隙水压力至少在施工前 1～2 周埋设，保证施工前孔隙水压力读数达到稳定。测试技术应满足《孔隙水压力测试规程》（CECS55：93）的规定要求。

在沉箱周围的土体内预埋分层沉降管，利用土体深层沉降观测设备（分层沉降仪或多点位移计）观测沉箱周围土体的深层沉降发展情况。以管口或管底为基准点，测量精度为 1mm。沉降管深度应保证管底在沉箱下沉过程中基本不变，深层沉降测孔内的分层测点布置应结合沉箱分节制作和土层情况综合确定。

用经纬仪、全站仪和水准仪测定邻近地下管线的水平、竖向位移，观测精度应不低于 1mm。观测点宜布设在管线接头处，且宜设置直接观测点，水平、竖向测点宜共用。

周围建筑物及路面、地表沉降的观测方法与精度要求同表 5-2。

周围建筑物及路面裂缝可采用目测和裂缝观测仪两种方法测试，裂缝总体分布可采用目测方法，单个或典型裂缝则可采用裂缝观测仪测试，最小读数为 0.1mm。

# 第六章　施工设备及配套系统

虽然传统的气压沉箱的施工工艺很早就应用在基础工程中，但由于传统气压沉箱工法对人力作业依存度高，施工效率低，气压箱内工作条件恶劣，所以传统气压沉箱施工已不适合现代社会的发展，传统沉箱工法的应用不断衰退。基于上述情况，要使沉箱施工得到发展，必须将现代技术应用到沉箱的设备中，真正用机械来代替人力，改善工作条件，提高工作效率，从而使得现代沉箱工法得到真正的广泛应用。

## 第一节　气压沉箱的主要设备

气压沉箱的施工工艺有其特殊性，因此相应的设备及配套也比较特殊，有些设备比较复杂，多种设备相互配合使用才能形成系统，才能具有生产力。主要设备系统内容如下：

(1) 沉箱遥控液压挖机；
(2) 远程遥控系统；
(3) 液压升降出土皮带机；
(4) 物料出入塔；
(5) 人员出入塔；
(6) 螺旋出土机；
(7) 地下（挖掘操作）监视系统；
(8) 供排气系统；
(9) 三维地貌显示系统；
(10) 移动氧舱；
(11) 其他辅助设备。

这些设备与系统都需与工程实际相结合，满足工程结构的条件，因此所有的设备参数都应满足实际工程的实施。

气压沉箱的设备包括沉箱内部设备及地面辅助设备，沉箱内部设备见图6-1、地面主要设备见图6-2。

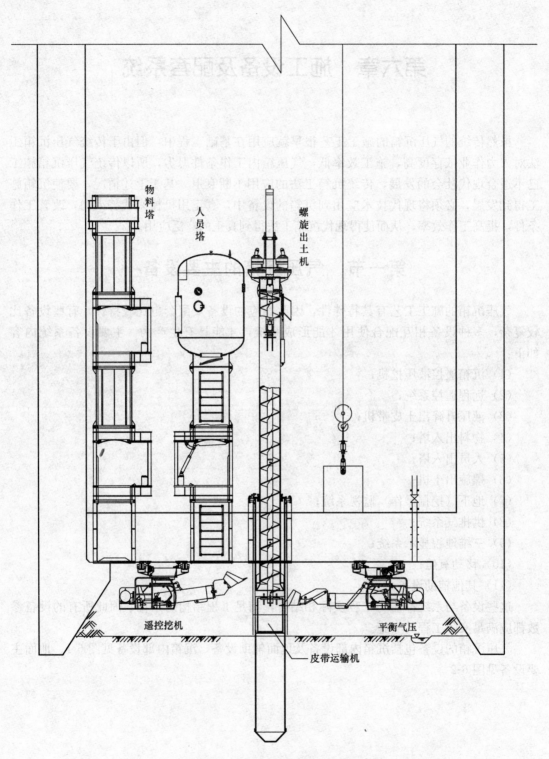

图 6-1 沉箱内主要设备示意图

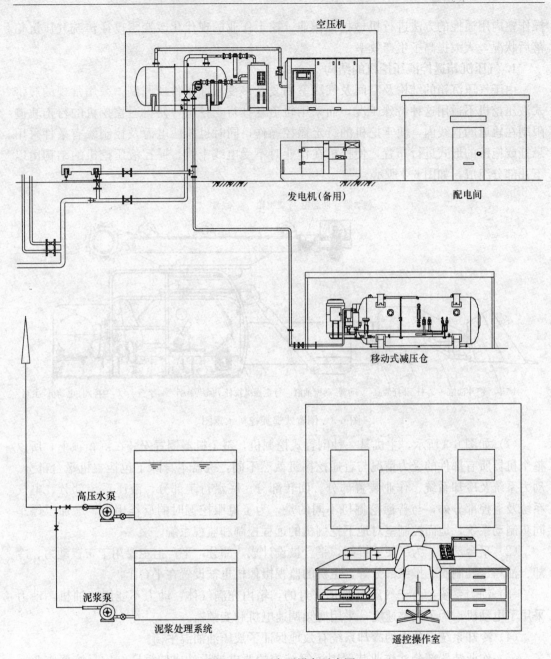

图 6-2 地面主要设备示意图

## 第二节 气压沉箱遥控液压挖机及远程控制系统

### 一、气压沉箱遥控液压挖机

在气压沉箱的施工中最关键的设备之一是遥控液压挖机,该设备代替了以往的人力挖土,将挖土作业人员从恶劣的气压环境下及高强度的劳动中解放出来,从而能在地面操作室内用遥控的方法进行机械挖掘作业。挖土作业的现代化改变了以往传统气压沉箱落后状况，大大提高了生产效率。

**1. 气压沉箱遥控液压挖机的结构**

由于气压沉箱的结构及空间及气压室内复杂多变地面条件所限制，采用常规的履带式液压挖机不适用这种特殊工况，而采用轨道悬挂行走挖机，使得遥控挖机的行走轨迹限制在轨道的直线内，便于挖机的行走遥控操作，同时也能使电源及控制线有条件采用悬挂或拖链的形式进行布置，使挖机在作业时不受电线干扰。遥控液压挖机的结构由以下几部分组成，如图6-3所示。

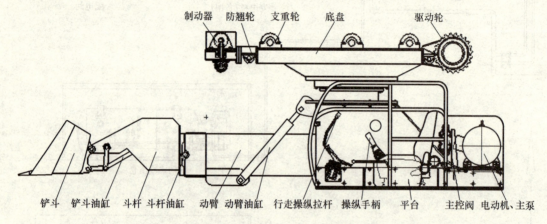

图 6-3　倒置式遥控挖机示意图

（1）如图 6-3 所示，主机是一种倒置式挖掘机，整个机器倒置安装在沉箱顶上，所以整个机器所有部件的受力情况与普通挖掘机截然不同，机器本身除了包括主机平台部分、动力系统及冷却系统、作业装置部分、回转部分、底盘行走部分、液压系统部分、电气系统及遥控部分外，与普通挖掘机不同的是，为了克服挖掘时的反作用力，增加了停车同步制动系统，地面控制室对地下挖掘机的远程控制和监视系统。

（2）平台部分：为了便于拆卸，平台被设计成 3 部分，平台上主要用于布置动力、冷却、油箱、控制阀、操纵部分等，主机的监视摄像机也被设置在平台上。

（3）动力系统：由于气压沉箱是密封的，箱内充满气体，动力不能用柴油机，动力采用了电动机，为了调整速度，采用变频调速电机和变频器。

（4）冷却系统：独立的冷却系统有效地保证了液压油油温平衡。

（5）作业装置部分：作业装置因沉箱结构的要求被设计成伸缩臂结构，挖掘作业采用正铲结构。由于挖掘机的作业工况比伸缩臂起重机恶劣的多，所以该作业装置伸缩滑动采用了特殊的滚轮和滑块双作用技术，大大提高了作业装置的承载能力和寿命。

（6）回转部分：采用一个定量马达驱动，一级行星减速加一级直齿减速，最后驱动大的单排球四点接触式回转支撑。回转制动是一种无须人员操作的自动常闭式结构，挖掘机停止回转时，回转制动通过液压系统自动地锁死制动器，在这种情况下，挖掘机不会自由回转，当操纵回转手柄需要回转时，制动器自动打开。回转部分还设置了高速回转突然停止防反弹装置和超速回转防气蚀装置，可以有效地保护回转部分的稳定。

(7) 底盘行走部分：底盘部分也被设计成分体式框架结构，便于拆卸安装，行走驱动采用两个变量定量马达加两级行星和一级直齿减速机构，通过切换控制信号改变变量马达的排量，可以很轻松地切换行走速度。

(8) 制动锁紧装置：为了克服挖掘时的反作用力，在主机的底盘行走部分增加了同步制动装置。当挖掘机行走时，制动锁紧装置提前 3s 自动地打开制动装置，机器可以自由的来回移动，当挖掘机停止时，制动锁紧装置延后 3s 抱死工字钢形成强大的制动力，可以保证机器在挖掘时不至于滑移。

**2. 遥控挖机作业范围**

挖机的作业范围应满足：

(1) 沉箱内至刃脚边、沉箱的墙角都在挖掘作业范围内，无死角；

(2) 斗铲动作及作业范围满足皮带机装土作业要求；

(3) 斗铲作业满足安全要求，便利遥控操作。

同时，斗铲的上限设计位置不能与行走轨道相干涉，因为苛求遥控操作人员通过控制来限制斗铲的上限位置，是不合理的。

**3. 遥控挖机液压系统**

挖机液压系统原理如图 6-4 所示。液压系统为开式系统，所有液压件均安装在气压沉

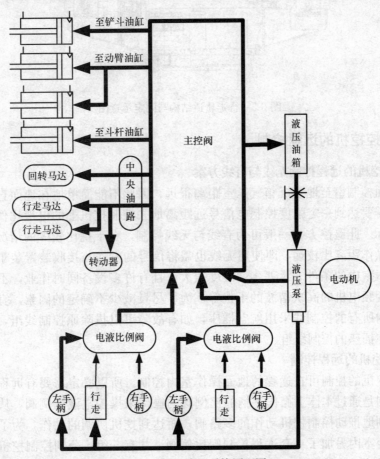

图 6-4 挖机液压系统原理图

箱内的挖机上，用电液比例阀控制动臂、斗杆、斗铲、行走、回转等5组动作，另有一组备用，可用于振动冲击锤。上述操作可在地面实行比例遥控操作，也可在机上用操作手柄进行本机操作。因为遥控挖机为连续工作状态，液压系统为散热系统也是必须的，本机采用专用的风冷式散热器，保证了该系统运行在正常温度下。

**4. 行走轨道的结构与固定**

行走轨道结构与固定示意图如图6-5所示。遥控挖机的行走轮是挂在工字形的轨道上，工字形轨道用螺栓固定在气压箱内顶板的预埋钢板上，遥控挖机的行走由带制动的行走马达驱动链轮，配合链板销而行走的，因此链板销与工字轨道的定位也相当重要，在设置固定埋件时，需用靠模定位。如链板设计成可调整的，就更合理了。

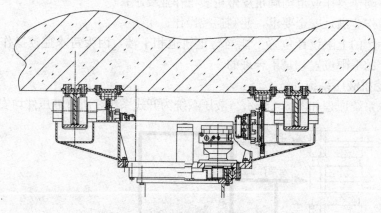

图 6-5 行走轨道结构与固定示意图

## 二、遥控挖机的远程控制

**1. 遥控挖机的远程控制无线与有线方案**

由于地面控制室至地下沉箱气压室距离很远，因此不能简单地在地面直接控制挖机的动作，而需要达到一定强度控制电信号远距离地去控制挖机上的电液比例阀，从而达到预定的目标。此遥控方式一般可为有线与无线控制，在干扰比较少的情况下，可采用无线。由于操作距离比较远，即使用无线也需将信号的发送与接收装置装于沉箱的气压室内，而气压室内的条件非常恶劣，湿度很大，且有许多设备同时作业，不可避免地会有干扰，如变频电机的高次谐波的干扰等，为了尽量减少不确定的因素，宜选用有线遥控。在沉箱内所有的控制线采用航空插座，如有故障可以拔除原控制线组，换上预先准备好的带航空插座的控制线组。

**2. 遥控挖机的远程控制**

为了将挖机的控制可在远程的地面操作室内控制，所以必定需要有远程电信号，一般挖机的控制是通过本体上操作手柄的比例阀的操作来操控电液比例阀，从而将先导泵的液压成比例地推动控制挖机动作的多路阀，而达到挖机协调的动作，为了达到遥控的目的，在远控室内另加了一套远程控制阀比例阀，共有5组，分别控制挖机的行走油马达、回转油马达、斗铲油缸、斗杆油缸、动臂油缸的动作，它的原理是用电信号来推动电液比例阀从而将先导泵的油压引入控制挖机各个动作的多路阀，使挖机动力泵的压力油驱动产生动作的油马达或油缸。

由于挖机的作业动作快慢是按我们的需要变化的，因此遥控电信号不能是个简单的开关量，而应当是一个能控制的比例量，也就是遥控电信号经过长距离传输到挖机上的电液比例阀时仍然应符合线性稳定的要求，且信号的强度要在控制的范围内。挖机的动作不能有粘滞、阶跃的现象。要有如同挖机操作在本机上操作的同样感觉。因为长距离的电控信号的传输会有衰减，为了消除信号衰减的影响，需要设计信号放大的装置，来满足上述要求。

**3. 沉箱挖掘机远控系统的工作原理**

沉箱挖机远控系统由四部分组成：两个四方位操作摇杆；一个二方位操作摇杆；比例放大器；五组双向比例阀。

四方位操纵杆工作电压为 5V，运动电压为 0～5V，且中位为 2.5V，最大电流为 40mA。二方位操纵摇杆工作电压为 5V，运动电压为 0～5V，且中位为 2.5V，最大电流为 30mA。双向比例阀的驱动电流为 800mA，最大电流为 800mA。由于两者信号不能匹配，所以无法直接使用手动操纵摇杆去控制挖掘机的双向比例阀动作，进行各种方式运动中位输出为零。

为了满足控制信号的需要，采用可编程序控制器携带扩展模块：两块模拟量输入输出模块和两块模拟量输出模块。通过调整放大器参数使系统能满足以下技术指标：

（1）手柄起始位为零。

（2）输出最大电流为 1A。

（3）手柄双向全程运动线性无滞后及阶跃现象。

# 第三节　气压沉箱内的皮带出土运输机

## 一、气压沉箱皮带出土机的要求

气压沉箱中的皮带运输机与一般的皮带运输机因为运用场合条件不同，使用的要求也不同，气压沉箱的皮带出土运输机设计符合如下要求：

（1）可以配合螺旋出土机出土的要求；

（2）满足气压沉箱内设备布置的空间要求；

（3）皮带机上堆满土可以存放 $1.5m^3$ 土；

（4）符合遥控挖机的装土、卸土动作的空间尺寸的要求；

（5）皮带机可以拆散，化整为零，每一组装件能从物料塔中吊入沉箱内，而后可以在沉箱内重新组装；

（6）皮带机能升降控制，皮带机升起后可以用遥挖机清理皮带机下的积土，预留出气压沉箱下沉时的皮带机下的空间，皮带机降到位后用于正常出土运送状态，此时皮带机的出土口对着螺旋出土机的进土口。气压沉箱每下沉一次皮带机只需做一次升降动作，升降行程大于 1.2m，采用液压控制进行皮带机的升降；

(7) 皮带机采用双驱动,可以堆满土起动,有足够的传动力矩;
(8) 有液压张紧装置,可以调节皮带的松紧与跑偏;
(9) 所有的皮带机的操作都在地面控制。

## 二、皮带运输机的布置与结构

皮带机是悬挂在箱结构底板上,通过液压千斤顶与滑轮组来控制皮带机的升降。如图 6-6~图 6-7 所示。

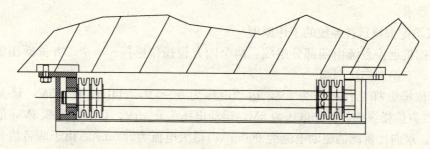

图 6-6 皮带机升降动滑轮架

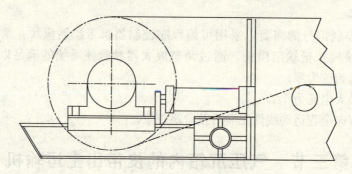

图 6-7 皮带机的液压结构

# 第四节 物料塔的研制

## 一、物料塔的特点

物料塔示意图如图 6-8 所示,物料塔的特点有以下几点:
(1) 物料出入塔结构满足气压平衡要求;
(2) 物料塔的结构尺寸可以满足吊运必须修理的物件及挖机组件吊入、吊出的条件;
(3) 在吊运物品时能有效将沉箱的气压仓与外界隔离,保持仓内气压稳定;
(4) 物料塔各段有进排气阀,可调控塔内所需气压;
(5) 物料塔有 3 道闸门,2 个转动阀,1 个两哈夫闸阀均为液压控制;
(6) 可以作为出土备用塔,必要时可吊运出土桶。

## 二、物料塔的构造

物料塔由气闸门、塔身标准接高段、气密门、预埋段、上部的工作平台及其他附属装置，如液压启闭设备、放排气阀、消声器、压力表、电气控制设备等组成。

由于物料塔是在气压状态工作，所有结构件的设计应符合压力容器的设计要求。

### 1. 气闸门

气闸门是物料塔的第一道出入口，它的外形是箱体结构，设计比较复杂，因为要考虑吊物的钢丝绳通过该出入口，同时吊物时仍须保持相对密封的状态，此出入口的门为两个半园形的滑动板，中间有一可通钢丝绳的小孔，所有相对滑动的部位均有密封。半园形滑动板的开启与关闭用内置液压油缸牵引。它与塔身标准段接高是用法兰联接。结构联接的法兰采用统一标准的尺寸，如图 6-9 所示。

### 2. 塔身标准接高段

塔身标准接高段，是一个有上、下法兰的圆柱薄壁形钢结构，如图 6-10 所示。法兰的尺寸同气闸门的上、下法兰（有加劲板），如有需要接高物料塔（考虑压水下沉），可以增加塔身标准接高段的数量。

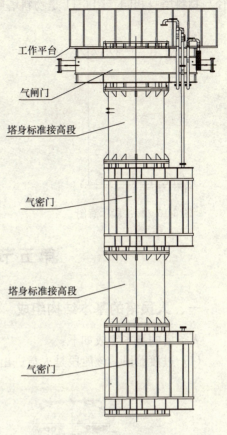

图 6-8 物料塔示意图

### 3. 气密门段

气密门段外形是椭圆柱体箱形钢结构件。上下也是用相同尺寸的法兰与塔身标准接高段连接。中间有上下隔断的球面转动门，转动门周边有密封条。转动门靠液压装置驱动。该结构有很好的密封性能。

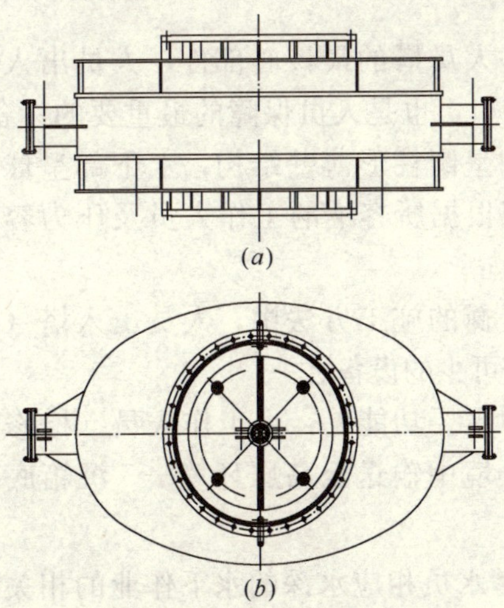

### 4. 物料塔的工作平台

工作平台在物料塔的上方，在上面配有控制物料塔气闸门与气密门开启与关闭的电气与液压设备、进排气阀通道及必要的通讯设备，控制物料出入的人员在该平台上进行操作与指挥。

### 5. 物料塔的预埋段

物料塔预埋段是连接物料塔与气压沉箱土建结构部分的筒形钢结构件，该预埋段的上部为法兰，其尺寸与物料塔的气密门法兰相配，预埋段的主体埋入混凝土中，其高度与土建结构相配，其筒的通

图 6-9 气闸门示意图

径与物料塔身相同。图 6-11 是物料塔照片。

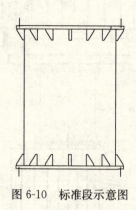

图 6-10　标准段示意图

图 6-11　物料塔照片

## 第五节　人　员　塔

### 一、人员塔的基本结构组成

人员塔的基本组成如下：

（1）过渡舱段：该舱段是人员进出常压和高压环境的重要舱段；

（2）气密门舱段：在人舱段上设气密门舱 1 只；

（3）塔身标准接高段；

（4）工作平台；

（5）预埋舱段：该结构预埋于沉箱的混凝土结构中。

### 二、人员过渡舱

该舱段是人员塔的最核心部件，人员出入气压沉箱的出入口，也是人员保障的最重要的设备，它的外形结构呈圆柱形薄壁结构，上下部呈球冠形。它的容积根据所容纳的工作人员及压力容器合理许可条件。

在气压平衡的施工方法中，人员出入塔（人舱段）是必不可少的设备之一。

该设备的主要功能是：将工作人员（检修人员）从常压环境中输送至高压环境——沉箱底部作业，并在作业完毕后将人员安全的送回常压环境中。

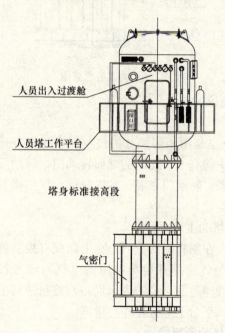

图 6-12　人员塔示意图

在气压沉箱中施工人员的作业规程应完全按照潜水员相应水深的水下作业的相关标准执行。

## 三、过渡舱的配套系统

人员过渡舱使用中的配套系统包括几下几部分：

(1) 监控系统

通过摄像头提取舱内信号传输给显像设备，进而完成其远距离的观察目的。

主要配件：摄像机、监视器、信号线、控制按钮。

(2) 氧分析系统

通过提取舱内气体样本，由氧分析仪器进行分析（氧分析仪设置在配气箱内）。

主要配件：便携式测氧仪、流量计。

(3) 照明系统

通过工地电源的引入，经过压力变换系统提供给照明装置，从而完成其照明目的。

主要配件：照明灯、稳压器（DC3.5V20A）、电线、控制按钮。

(4) 对讲系统

通过拾音麦克提取语音信号，经过信号转换系统传输给声音放大系统，来完成舱体内外的语音交换。

主要配件：对讲机、拾音麦克、喇叭、电线。

(5) 应急呼叫系统

通过舱内专业的电器按钮经过信号输出，传送给声音放大系统，实现其呼叫功能。

主要配件：闪光蜂鸣器（红波按钮）、电线。

## 四、人员塔的气密门

人员塔的气密门段设计，与物料塔的气密门段完全相同，在数量上仅为1个，因为人员过渡舱实际上已有2道密封门，人员塔气密门处需配1个活动梯，以满足作业人员上下所需。

## 五、人员塔塔身标准接高段

人员塔的高度是根据结构的条件与施工方法来确定的，它如同物料塔一样是用塔身标准接高段的数量多少来调整，它与物料塔的标准接高不同的是在筒体内设置了人梯，人梯的结构形式可以是直梯，也可以是螺旋梯的形式。

## 六、人员塔的工作平台

在人员塔的工作平台上布置了气密门液压设备的电气控制装置、备用的氧气瓶、监控设备、通讯设备等。在平台上专职的操作人员可以进行人员过渡舱的进、排气、增压、减压的操作与人员塔的出入管理，此工作平台上作业与管理是非常重要的岗位，所有的操作都有严格的规定。图6-13为人员塔照片。

图6-13 人员塔照片

## 第六节 移动式减压舱

在气压沉箱中虽然已经有人员塔的过渡舱,但作为对气压沉箱的作业人员的保障要求,还需在工地配备移动式减压舱。

### 一、移动式减压舱的基本要求

移动式减压舱如图6-14所示。移动式减压舱具有机动灵活、方便快捷的特点,在任何可安置的地方接上电源即可开展工作,是目前在潜水作业市场较为流行的一种形式。移动式减压舱应用于气压沉箱作业,和潜水用的移动舱基本上相同。

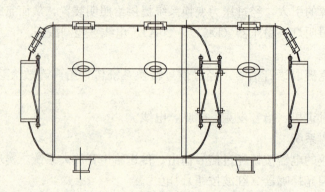

图 6-14 移动式减压舱示意图

移动式减压舱的设计建造应符合国家标准(GB/T 16565—1996)"甲板减压舱"以及中国船级社 CCS 的"潜水系统和潜水器入级建造规范",同时也应满足气压沉箱施工的特定要求。舱室最大工作压力为 0.7MPa,减压舱主舱能容纳 4 人,过渡舱 1 人。

### 二、移动式减压舱的基本构成

本装置由 2 只标准的 20 英尺集装箱组成,一只集装箱装载减压舱和控制系统;另一只集装箱为气源设备集装箱,可向减压舱提供空气、氧气及电力供应。

**1. 减压舱集装箱由以下几个部分组成:**
(1) 20 英尺标准集装箱;
(2) 双舱四门式移动舱一台;
(3) 减压舱控制台;
(4) 集装箱内、减压舱主舱内分别设空气调节装置。

**2. 气源设备集装箱由以下部分组成:**
(1) 内设中压空气源供应装置,含空压机、储气罐、过滤气等;
(2) 氧气供应装置;
(3) 电力供应装置。

图 6-15 为集装箱内移动式减压舱照片。

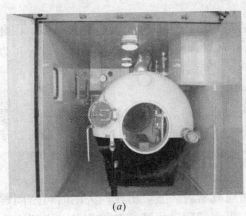 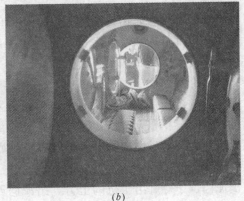

图 6-15 集装箱内移动式减压舱

## 第七节 螺旋出土机

### 一、螺旋出土机出土流程

螺旋出土机出土流程包括以下几个步骤：

(1) 螺旋机筒体提升至封底钢管进土口上部，待皮带机送土；

(2) 遥控挖机挖土、装土，并将土装到皮带机上；

(3) 皮带机运转将皮带机上的土送至封底钢管内，视情况可注入适量水、浆或发泡剂至钢管内；

(4) 待土装满到封底钢管的腰部开口处，皮带机停止送土，继续待挖机向皮带机装土；

(5) 千斤顶将螺旋机筒向下压，而后转动螺旋机，对封底钢管内的土进行搅拌、加压，待螺旋机筒降到将封底钢管腰部开口封住后，钢管内形成一个密闭的土仓，在千斤顶与螺旋机的加压下，土压力升高，打开螺旋机的出土门，在螺旋机的转动下将土送出螺旋机的出口；

(6) 螺旋机降到封底钢管底部后，停止转动，并用千斤顶提升螺旋机筒至封底钢管进土口上部，待皮带机送土；

(7) 重复上述出土过程循环。

### 二、螺旋出土机的主要结构组成

螺旋出土机由以下几部分组成：(1) 螺旋机活塞筒；(2) 螺旋叶、杆；(3) 储土舱；(4) 出泥门；(5) 螺旋机旋转的驱动装置；(6) 螺旋机活塞筒上下运动的驱动装置；(7) 螺旋机轨道安装定位的结构件。

**1. 螺旋机的活塞筒**

该部件是螺旋机叶的套筒，同时又起螺旋机上下动作活塞杆的作用，与活塞筒配套的有密封组件，它将气压沉箱内的气体与外界隔开。

**2. 螺旋机叶、杆**

该部件的结构与盾构机上的类同，不同的是它所传动的出土扭矩要大得多，因此在设计中考虑该部件的强度及土塞的密封作用，所以螺叶杆的长度要长很多，这样可以在螺旋机中保持较长的压力土塞。

**3. 储土舱**

储土舱对着皮带机的一侧有一开口，是入土口，储土舱的下端是封底的，下部是一密封的容器，容积根据一次出土量来定，土舱壁上装有土压力传感器。储土舱可以承受很高的土压力。对砂性土的出土压力的控制尤其重要，因此要有土压力的控制装置。

**4. 出泥门**

出泥门位于螺旋出土机的上方，出泥门四周有密封装置，出泥门关闭时可密闭螺旋机的压力土。进出泥门处设有土压力传感器。出泥门驱动由液压油缸驱动。由所出土的土质条件来决定操作土门的开口大小。

**5. 螺旋机旋转的驱动装置**

它包括油马达、减速装置、液压驱动设备及传动联接件。它的参数要根据工程的土质条件，施工效率的要求来设计。

**6. 螺旋机活塞筒上下运动的驱动装置**

它的构成是由千斤顶、液压泵站、反力架组成。千斤顶的顶力与参数是由需要产生的土舱土压力而定的。它的行程由一次出土的方量而定。液压泵站的配置可根据所要求的施工效率来相匹配。

**7. 螺旋机轨道安装定位的结构件**

螺旋机的轨道安装在反力门架上，它将螺旋机的上下动作轨迹精确，有利于保护螺旋机活塞筒的密封装置。螺旋机出土照片如图 6-16 所示。

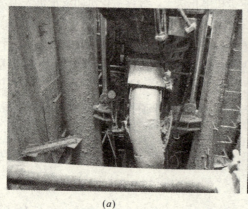

(a)　　　　　　　　　　　　(b)

图 6-16　气压沉箱螺旋机出土示意图

## 第八节　地下（挖掘操作）监视系统

地下监视系统由以下几部分组成：

**1. 前端**

前端由摄像机及附属设备组成，主要安装于机车上，其中正面监视挖掘的采用高清晰低照度的 Sony 摄像机并配以车载防震云台，在监视过程中可以根据需要调整摄像机的角度和焦距。

侧面采用定焦摄像机配备车载防震云台，可以远程控制摄像角度。

现场环境监视采用定焦摄像机，摄像角度固定不变。

正面监视挖掘动作的摄像机由机车前方车灯提供光源，其他摄像机需另外提供光源，在光源安装中需注意避免摄像机镜头直接对向光源。

所有的摄像机配备高强度的防护罩，防潮、防湿、防冲击。

摄像机及附属设备电源由机车上电源来提供。

**2. 监视端**

监视器系统：每个监视设备对应一个摄像机，分别由主监视器、侧面监视器、环境监视器组成，主监视器主要用于操作人员监视前方的挖掘动作，侧面监视器为操作人员对左右两侧动作提供参考，环境监视器监视现场的整体环境。

控制系统：用于控制摄像机镜头焦距及云台转动，主要用于挖掘动作正面的监视控制，以便操作人员了解所挖掘区域的详细情况。

记录系统：记录详细情况以备后用，可用于操作人员的培训等。

监视设备在沉箱内的布置：1号~4号摄像机用于监视作业环境，3号分出一路用于监视传送皮带，5号专门用于监视送料口，6号~9号为挖掘机上操作监控，其中7号~9号带可以调节角度及焦距，如图6-17所示。图6-18为地下监视系统结构图。

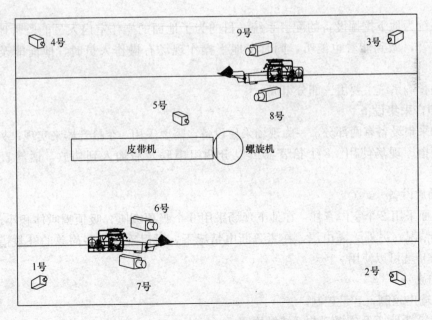

图6-17 监视系统布置示意图

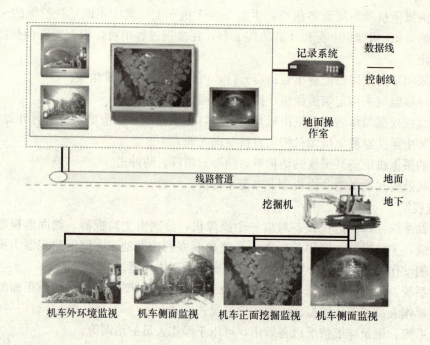

图 6-18　地下监视系统结构图

## 第九节　地下挖掘监听及广播音响系统

本系统为地下挖掘设备的配套系统，目的为了地面的操作室内人员能监听地下挖掘现场的声音，做到能看也能听，同时在地下操作现场有操作人员时，地面能及时指挥沟通。

广播音响系统主要由三部分组成：

**1. 声音采集设备**

声音采集设备有两部分，一为现场采集设备，需要采用 8 个拾音器来实现；另一为话筒，地面指挥现场使用。8 个拾音器可以分两组串联之后输入到功放，话筒直接输入功放。

**2. 播放设备**

在地面采用 2 个室内音柱，在地下现场采用 6 个吸顶喇叭，吸顶喇叭体积小而扁平，适合现场情况，另外无需电源，在紧急断电情况下，可以采用一些简单的补救措施（如小型 UPS）就可以使用。

**3. 功放**

输入输出控制，音量控制。

图 6-19 为监听及广播音响系统结构图。

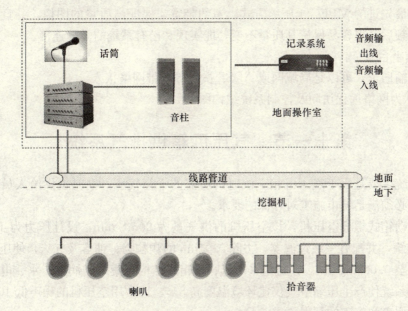

图 6-19 监听及广播音响系统结构图

## 第十节 网络远程访问及控制系统

本系统为地下挖掘设备的辅助系统,目的为了将已经集中的现场视频信息传输上网,实现远程访问现场摄像机的功能,以便及时了解现场情况。

视频上网远程监视系统主要由三部分组成:

**1. 视频输入源端**

使用已经集成的记录设备作为输入源。

**2. 远程访问及控制模块**

实现数据联网,与原有记录信息分离传输。实现远程网络管理及网络浏览访问功能。

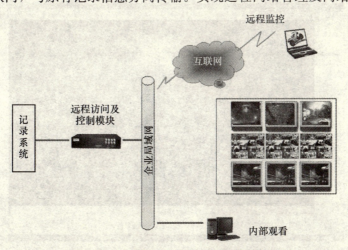

图 6-20 网络远程访问及控制系统结构图

本方案采用最先进的 MPEG-4 压缩方式，节约带宽，保证高质量的图像，一旦模拟视频变成数字视频后，很容易保持其质量不变，能实现和已有系统的无缝连接。

**3. 通信平台**

数据传输通道，可以是局域网或 ADSL 拨号等宽带网络接入。

图 6-20 为网络远程访问及控制系统结构图。

## 第十一节　气压沉箱供排气系统

供气系统主要是用于气压沉箱下沉时的所需的平衡气压，同时也供给人员塔的过渡舱，此设备必须满足城市施工对环保的要求。

采用移动箱式螺杆空压机，该空压机的供气量为 $20m^3/min$，设计压力为 1MPa，配有 $5m^3$ 储气罐，并配有三级过滤器，去除 $0.01\mu m$ 的颗粒物、油雾及气味，使压缩空气中的含油量降至 $0.003mg/m^3$。该机组采用低噪声箱式结构，集气、润滑、水、电、控制一体化。风冷系统使产生压缩空气仅比环境温度高 8℃。比常用空压机的噪声低 10dB 以上，因此该机适用市政施工的环保要求。

供气系统的供排气阀，可用手动（或电动），人员舱的供排气采用专人手动控制。沉箱供气的平衡压力控制可根据气压舱压力传感器在总控室所显示的压力数值进行进排气操作。该压力传感器的精度可达 0.001MPa，即精确到 10cm 的水位精度，可以满足气压沉箱的控制要求的精度。

## 第十二节　三维地貌显示系统

### 一、三维地貌显示系统主要功能

三维地貌显示系统界面组成如图 6-21 所示，主要功能有以下几方面：

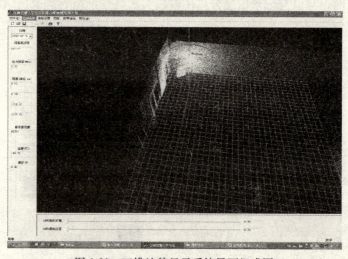

图 6-21　三维地貌显示系统界面组成图

(1) 将激光扫描传感送来的数据处理后,显示三维地貌;
(2) 控制报警;
(3) 显示挖掘机位置;
(4) 查看高差和地貌高度。

其界面组成分为三个区:
(1) 左侧为信息窗口,显示日期\挖掘机报警\压力报警\高差\服务器连接\温度和湿度;
(2) 右侧为三维地貌显示窗口;
(3) 下侧为挖掘机位置显示窗口。

## 二、三维成像主要组成

三维成像系统组成如图 6-22 所示,三维成像主要由以下几部分组成:

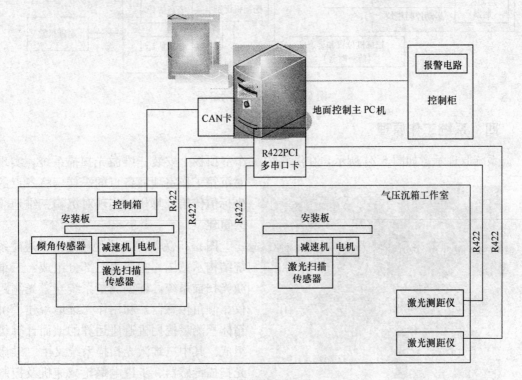

图 6-22 三维成像系统组成图

(1) 三维激光扫描系统;
(2) 辅助测量系统(激光测距仪\倾角传感器);
(3) 地面计算机。

其中三维激光扫描系统又由二维激光扫描仪步进电蜗轮减速机及控制箱组成。

## 三、系统功能网络

系统功能网络如图 6-23 所示。

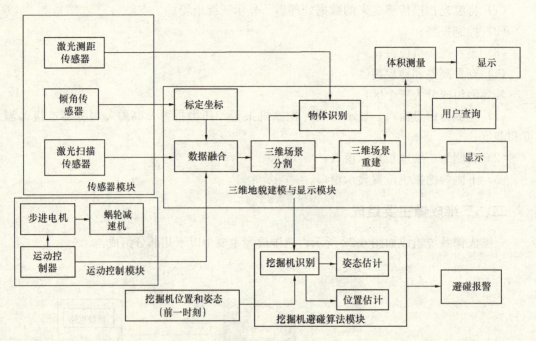

图 6-23　系统功能网络图

## 四、系统工作原理

系统原理示意如图 6-24 所示，在沉箱内工作室顶板上安装三维激光扫描系统，实现对沉箱工作室地面各点的采样，将各点的坐标值传给计算机，实现对沉箱三维地貌的重建。

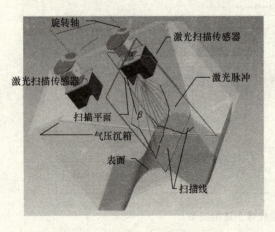

图 6-24　沉箱激光扫描原理示意图

图 6-25 为沉箱三维地貌建模及避碰系统结构示意图，主要由三部分组成：三维激光扫描系统，辅助测量系统（激光测距仪、倾角传感器）和用作三维地貌建模沉箱体积测量挖掘机避碰运算的地面计算机组成。其中三维激光扫描系统又由二维激光扫描传感器、步进电蜗轮减速机及控制箱组成。

气压沉箱地貌环境的显示是基于激光三维扫描成像的工作原理，实际上就是利用激光测距传感器对目标上的不同位置进行重复测量的过程。如图 6-26 所示，如果我们分别在垂直和水平方向按一定角度转动激光，同时对激光测距传感器的输出不断进行数据采集和处理，就可得到一定分辨率的三维空间点云的信息，其中每一个点的信息包括：激光测量的距离 $S$，水平方向方位角 $\alpha$ 和垂直方向俯仰角 $\beta$。可以利用每点的上述信息组成的点图，通过系统对目标物体表面进行三维采样。

## 第十二节 三维地貌显示系统

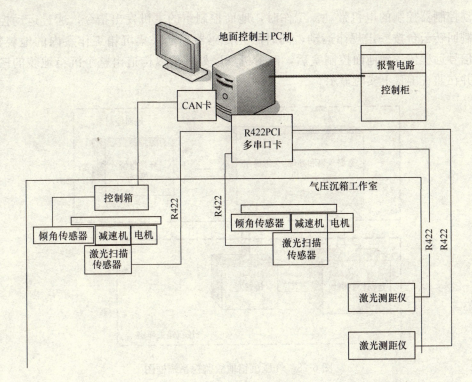

图 6-25 系统结构示意图

如果我们以激光传感器作为坐标原点建立直角坐标系,则每一个扫描点的坐标可表示为:

$$\begin{cases} X = S\cos\beta\sin\alpha \\ Y = S\cos\beta\cos\alpha \\ Z = S\sin\beta \end{cases} \quad (6-1)$$

激光扫描传感器测距的基础是基于脉冲激光测距技术,脉冲激光测距的原理如图6-27所示,传感器的发射器通过激光二极管向物体发射近红外波长的激光束,激光经过目标物体的漫反射部分反射信号被接收器接收,通过测量激光在仪器和目标物体表面的往返时间计算出仪器和扫描点间的距离。

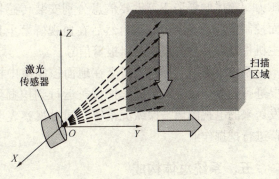

图 6-26 激光三维扫描原理

为了使激光扫描传感器能对目标上的不同位置进行重复的扫描测量,必需设计一套运动控制系统来控制激光的扫描运动。气压沉箱地貌环境监视系统的系统框图如图 6-28 所示,运动控制模块和激光扫描传感器都安装在沉箱工作室内,激光扫描传感器固定在运动控制模块的回转云台上,回转云台通

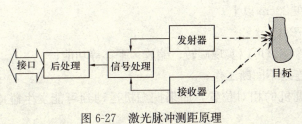

图 6-27 激光脉冲测距原理

过运动控制器控制的电机带动。工作时,地面控制室的主机发出指令,通过运动控制模块控制回转云台按一定规律运动,同时激光传感器不断采集沉箱工作室内的地貌数据,数据信号远程传送到地面控制室后,经主机程序处理可以构造出整个沉箱地貌的三维图像,并在监视屏幕上实时显示。

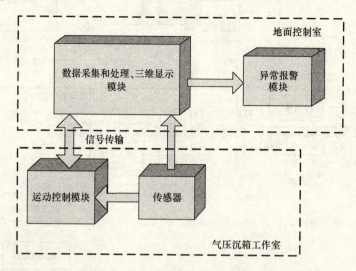

图 6-28 气压沉箱地貌监视系统框图

为了知道气压沉箱工作环境的整体情况,对需要了解的挖掘机相对位置、箱内气体压力、箱体倾斜姿态等重要信息分别安装传感器进行数据采集,采集信号远程传输到地面控制室后,经主机处理,然后在监视屏幕上显示。如果传感器检测到异常情况,则由主机控制异常报警模块发出报警信号。

系统工作时,操作人员坐在地面控制室中根据得到的地貌环境图像判断哪个地方需要进行挖掘作业,然后操作挖掘机运行到挖掘位置,利用安装在挖掘机上的电视摄像机发送来的电视图像来操纵沉箱铲,同时观察表明挖掘位置和开挖地面的地貌环境显示屏幕进行挖掘作业。

### 五、系统总体构成

#### 1. 工作环境和性能指标要求

气压沉箱地貌环境监视系统的总体指标与要求如下:

(1) 能在 150m 远距离实时显示气压沉箱内的三维地貌;

(2) 显示的三维图像能观察到整个箱体空间的环境;

(3) 三维地貌图像的点云分辨率在 20cm 以上;

(4) 三维地貌成像的周期不大于 72s;

(5) 为了方便观察,三维地貌图像应该可以实现旋转、缩放、平移等功能;

(6) 系统具有很好的可靠性,能连续不间断工作;

(7) 监视界面能实时显示两个挖掘机的相对位置,如果挖掘机运动到可能发生碰撞的范围,能及时提供报警信号;

(8) 监视界面能实时显示气压沉箱内的气压值，超过预设压力时能及时提供报警信号；

(9) 监视界面能实时显示气压沉箱下沉过程中箱体倾斜的姿态，当箱体在水平面 $X$ 和 $Y$ 方向的倾斜超过预设角度时能及时提供报警信号。

**2. 系统硬件构成和主要模块的功能**

根据系统工作原理和性能指标要求，气压沉箱地貌环境监视系统的总体方案，为了简化运动控制模块的设计，选择能实现 180°视角扫描的激光传感器，如图 6-29 所示。该传感器可以在极短时间内完成对视角范围内采样点的测距，采样方式是每隔一个角度发射一次激光脉冲，完成一次采样测距，直到扫描完整个视角为止。

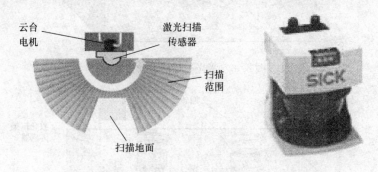

图 6-29　激光扫描传感器扫描示意图

系统主要由运动控制模块、数据采集处理和三维显示模块、信号传输模块、异常报警模块组成，各部分组成和功能简介如下：

运动控制模块：运动控制模块由 DSP 运动控制器、驱动器、电机和回转云台组成。激光扫描传感器固定在回转云台上，随着回转云台一起转动。当激光扫描完沉箱内地形的一个横断面时，扫描点的数据被送至地面控制室的主机内，PC 机接收完扫描数据后，立即发出下一次转动指令，使回转云台运转至下一个扫描位置。云台旋转的方式是正反 180°转动，当云台转过 180°时，激光扫描的范围可以遍布整个沉箱工作室。回转云台每次转动的角度间隔越小，激光扫描的横断面的就越密集，点云成像的精度就越高，但是成像周期会相应增加。激光扫描的运动控制示意图如图 6-30 所示：

数据采集处理和三维显示模块：数据采集处理和三维显示模块由两个激光扫描传感器和 PC 主机组成。主机每发送一次运动指令，运动控制模块就控制两个回转云台同时转过一个角度，等回转云台都转动到位后，主机向两个激光扫描传感器发出扫描指令，扫描所采集到的采样点数据通过远程通信传到主机内，等两个激光扫描传感器的数据都接收完毕后，主机向运动控制器发出下一次转动指令。每一个采样点的信息都包括三个数据：采样点到激光器的距离 $r$，激光扫描的方向角 $\beta$ 以及旋转云台转过的角度 $\alpha$。可以根据这些信息建立起沉箱地貌的点云数据数组，并在屏幕上实时显示和更新点云的图像，如图 6-31 所示。

信号传输模块：信号传输模块由通信协议转换器以及通信电缆组成。主机与运动控制器以及各种传感器之间的通讯接口必须通过通信协议转换器来实现，传输模块的

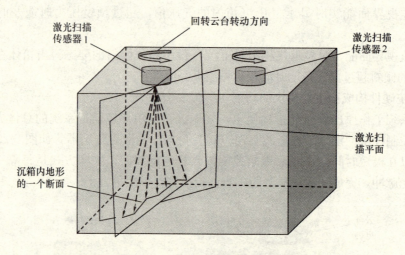

图 6-30 激光扫描的运动控制

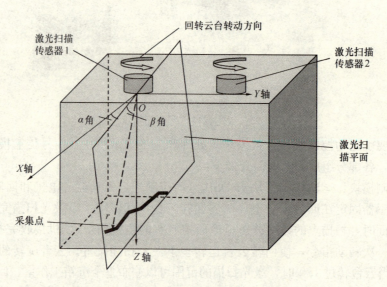

图 6-31 激光扫描采集点的三维坐标

功能是保证主机和运动控制器、传感器之间的数据正常发送和接收。为了保证系统信号传输的可靠性，所选用的通信协议转换器都带有光电隔离和浪涌保护功能。在通信电缆的选择上，选用高质量的屏蔽电缆，既防止外部干扰信号，又防止系统对外界产生干扰信号。在通信电缆的转接处采用防水的航空插头做中转接口，保证通信线路的连接正常。

异常报警模块：异常报警模块由两个激光测距传感器、气压传感器、倾角传感器、单片机开发板、报警电路板组成。两个激光测距传感器用来测量工作室内两个挖掘机的相对位置，气压传感器用来测量沉箱内压缩空气的气压，倾角传感器用来测量箱体的倾斜姿态。报警模块的主要功能是监视气压沉箱环境以及控制室主机的程序运行情况，当发生异常时及时提供报警功能。

### 六、三维地貌建模的实现

**1. 挖掘深度测量**

为方便沉箱日常施工管理，采用交互式技术，实现挖掘体积测量和挖掘深度测量。挖掘深度是通过接收用户选择所要测量的点，读取该点的像素坐标和 z-buffer 深度值，并读取投影矩阵、模型矩阵及当前视点，依此计算出该点的实际坐标值。由此可计算得该点测量值。对于体积测量，首先由用户选择视窗，落在根据深度测量计算出所有落在此区域内的点的实际坐标值。利用这些值按拟合曲面，选取参考面（一般为设定与顶板平行固定深度的面）。拟合平面向此平面内垂直投影，该投影体的体积即为所求体积。如图 6-32～图 6-33 所示。

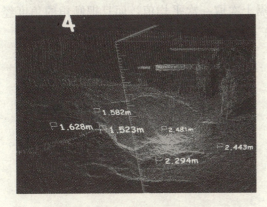

图 6-32 云图像及深度测量

图 6-33 三维重建图

**2. 挖掘机碰撞检测与报警**

为了提高工作效率，气压沉箱内有多台挖掘机分别悬挂在工作室上方的导轨上，沿着导轨运动到挖掘位置。由于挖掘机的挖掘臂半径较大，当多台挖掘机接近到一定距离时，如果操作人员操作不当，两个挖掘臂有可能会发生碰撞现象。如图 6-34 所示，假设挖掘机的挖掘臂半径为 $r$，两个导轨间的距离为 $d$，当挖掘机 A、B 运动到足够近的位置时，由于 $d<2r$，所以存在一个可能发生挖掘臂相互碰撞的区域。

由于挖掘设备的重要性，在运行期间应该保证有足够高的可靠性，避免碰

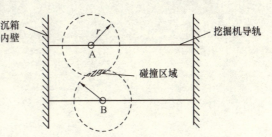

图 6-34 挖掘机可能发生碰撞的区域

撞的发生。为此，在挖掘机导轨的一端分别放置了两个激光测距传感器，如图 6-35 所示。激光测距传感器固定在沉箱壁内，每隔一个时间对着挖掘机悬挂位置发送一次脉冲测距，并将测得的距离值 $d_1$、$d_2$ 远程传送到地面控制室的主机内。由于导轨之间的距离 $d$ 是已知的，可以通过 $d_1$、$d_2$ 和 $d$ 的值计算出两个挖掘机 A、B 之间的距离 $D$，当 $D<2r$ 时，传感器检测到碰撞有可能发生。

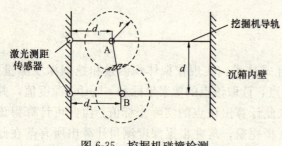

图 6-35 挖掘机碰撞检测

### 3. 沉箱体姿态测量

气压沉箱在下沉过程中,箱体会发生倾斜,当倾斜角大于一定值时,会引发各种工作异常和危险情况。沉箱倾角检测与报警的功能是通过检测箱体相对于水平面的倾斜和俯仰角度,当超过警戒值时,报警模块发出报警信号。

由于数据通迅接口 RS-232 串口的传输距离有限,所以倾角传感器的数据是通过 DSP 运动控制器的异步串口 SCI 采集的,采集的倾角数据通过 CAN 总线远程传送到地面控制室的主机内。由于倾角采集的速度很快,为了方便操作人员判断,采集的数据每隔十次取一次平均值,而且把倾角的角度经过计算转换为沉箱底面四个顶点的高差显示在主机监控界面上。

# 第七章 工程实例

## 第一节 工程概况

以上海市轨道交通7号线浦江南浦站—浦江耀华站区间中间风井工程作为工程实例。中间风井主体形式为全埋地下四层钢筋混凝土现浇结构，采用气压沉箱法施工。中间风井平面外包尺寸为25.24m×15.6m。其中刃脚高度为2.5m，底板高度为1.6m。底板以上制作高度为24.912m。沉箱总下沉深度为29.012m。现场平面布置如图7-1所示。

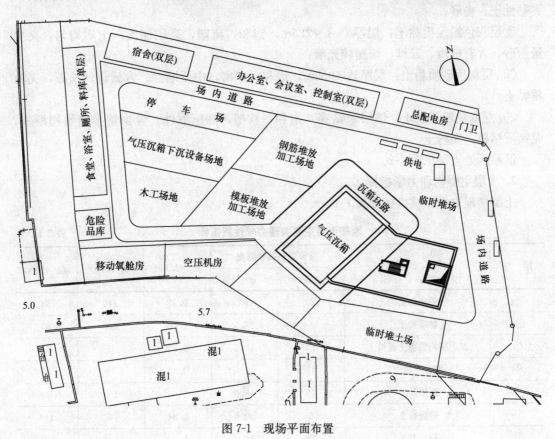

图7-1 现场平面布置

## 第二节 工程地质、水文概况

### 一、工程地质条件

**1. 地层分布与特征**

场地为滨海平原地貌类型，钻遇的地层均为第四纪沉积物。各土层特性分述如下：

①$_1$ 层杂填土：层厚 1.5~2.5m，上部约 20cm 混凝土地坪，含碎石、石子等杂物，下部为素填土；

①$_3$ 层冲填土：层厚 1.7~6.5m，饱和，松散。主要由黏质粉土、淤泥质土组成；

①$_4$ 煤渣土：层厚 1.5~3.1m，主要为煤渣，含石子、贝壳等杂物。根据补勘报告，该层底标高 0.02~4.01m，厚度 1.5~3.1m；

②$_3$ 层灰色黏质粉土：层厚 5.7~11.3m，饱和，松散至稍密，中压缩性。含云母，夹黏性土、粉砂；

④层灰色淤泥质黏土：层厚 0.8~2.5m，饱和，流塑，高压缩性。土质均匀，夹少量粉砂，含有机质、云母，切面较光滑；

⑤$_2$ 层灰色砂质粉土：层厚约 10.5m，饱和，中密，中压缩性。含云母、长石，夹粉质黏土；

⑤$_3$ 层灰色粉质黏土：该层未钻穿，饱和，软塑，高压缩性。含少量半腐殖物根茎、泥钙质结核，夹粉土。

沉箱所处土层见图 7-2。

**2. 土层主要物理力学指标**

土层物理力学性质指标见表 7-1。

地基土层主要物理力学性质指标　　　　　表 7-1

| 层序 | 土名 | 直剪固快试验强度 | | $P_s$ (MPa) | $f_d$ (kPa) | $f_{ak}$ (kPa) |
|---|---|---|---|---|---|---|
| | | $c$ (kPa) | $\varphi$ (°) | | | |
| ②$_1$ | 粉质黏土 | 20 | 19.5 | 0.77 | 110 | 85 |
| ②$_3$ | 黏质粉土 | 8 | 26.5 | 1.06 | 100 | 80 |
| ③ | 淤泥质粉质黏土夹粉土 | 13 | 18.5 | 0.50 | 75 | 55 |
| ④ | 淤泥质黏土 | 15 | 11.0 | 0.53 | 75 | 55 |
| ⑤$_1$ | 粉质黏土 | 16 | 18.0 | 1.08 | 100 | 80 |
| ⑤$_2$ | 砂质粉土 | 6 | 30.0 | 2.84 | 140 | 110 |
| ⑤$_3$ | 粉质黏土 | 16 | 19.5 | 1.38 | 130 | 105 |

### 二、水文地质条件

（1）浅层地下水：为潜水类型，赋存于②层以上土层中，水位埋深 0.5~1.0m，主

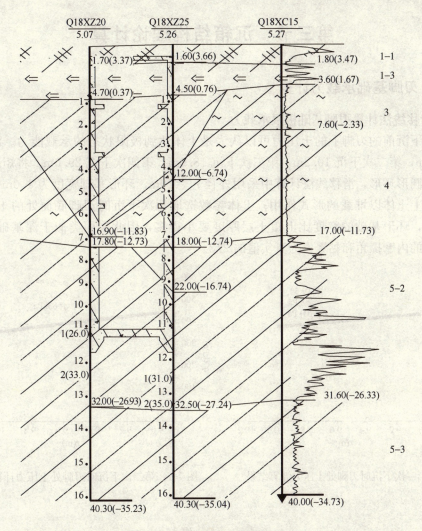

图 7-2　地质剖面及沉箱所在土层

要受降水及地表水补给，水位动态为气象型。设计可按 0.5m 取值。

（2）微承压水：第②$_3$层粘质粉土中有地下水存在，呈微承压水特性。

（3）承压水：第⑤$_2$层砂质粉土为承压含水层，水头埋深为 3.7～6.8m。

## 三、不良地质条件

（1）饱和软黏土：第④层淤泥质黏土、⑤$_1$层粉质黏土，为饱和流塑性土，地基承载力低，具触变流变特征，工程中需引起重视。

（2）流砂、管涌：第②$_3$层黏质粉土、⑤$_2$层砂质粉土，渗透性较好，在一定的动水力作用下易产生流砂和管涌等不良地质现象，在上述土层进行隧道掘进和基坑开挖时，应采取针对性措施。

（3）承压水：第⑤$_2$层砂质粉土为承压含水层，设计、施工中需防止抗承压水失稳的不利影响。

## 第三节　沉箱结构理论计算

### 一、刃脚基础承载力计算

#### 1. 滑移线法计算刃脚基础极限承载力

每次下沉前的刃脚下的土压力可以认为是土体达到极限状态的承载能力。沉箱第一次下沉 6m，第二次下沉 10.2m，第三次下沉 18.0m，第四次下沉 29.0m。将矩形环形基础等代成圆形环形，滑移线法计算中采用外径 $r_0=10\text{m}$，环形基础宽度为 1.0m，基础底面高度以上土体以堆载的形式作用；土体参数选取每次下沉时刃脚底面处的土体参数。可以看出，环形基础的宽度比上覆土层厚度要小得多，因此采用类似于深基础的方法，弱化土体的内摩擦角和黏聚力为真实值的 2/3。

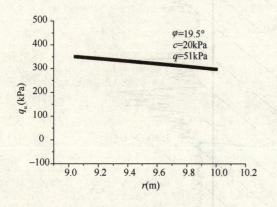

图 7-3　第一次下沉时刃脚处土压力计算结果　　图 7-4　第二次下沉时刃脚处土压力计算结果

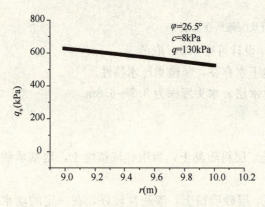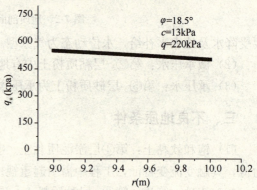

图 7-5　第三次下沉时刃脚处土压力计算结果　　图 7-6　第四次下沉时刃脚处土压力计算结果

四次下沉刃脚土压力计算结果如图 7-3～7-6 所示。表 7-2 为刃脚土压力在不同工况下的内外边缘土压力计算结果。

**刃脚土压力计算结果表** 表 7-2

| 下沉深度（m） | 刃脚内边缘土压力（kPa） | 刃脚外边缘土压力（kPa） | 内缘土压力/外缘土压力 |
| --- | --- | --- | --- |
| 6.0 | 350.4 | 296.9 | 1.18 |
| 10.2 | 444.0 | 358.7 | 1.23 |
| 18.0 | 627.2 | 524.3 | 1.20 |
| 29.0 | 552.2 | 503.4 | 1.10 |

由于本工程中的沉箱为矩形，按照条形基础计算所得的极限承载力难以反映拐角处的空间效应。另外，拐角处的空间效应理论上难以解决，这里采用等效的圆形环形基础来反映其极限承载力，计算中考虑了土体重度、黏聚力和堆载三者共同作用。

从以上计算可见，随着下沉深度的增加，刃脚土压力呈增长趋势，但是第四次下沉期间刃脚土压力值略有减小，主要是与该层土的土体参数有关。从计算结果来看，靠近内边缘的刃脚土压力比外缘刃脚土压力要大，平均增大 17%。

**2. 有限元法计算刃脚基础极限承载力**

矩形环形基础由于长短边承受不同的承载力以及四个角点的存在，具有很强的空间特性。采用传统的平面应变分析以及轴对称分析势必忽略了其空间效应对极限承载力的影响，因此，有必要建立三维有限元模型分析其空间特性对极限承载力的影响。

1）建模

假设沉箱基础平面尺寸为 25.24m×15.6m，矩形环形基础踏面宽 0.6m，高 2.5m，底板厚 1.6m。考虑刃脚环形基础的空间特性，三维有限元模型可以考虑实际情况 1/4 建模。分析过程中计算模型取为 24m×20m×20m，可以充分考虑环形基础下沉对周围土体扰动的影响，如图 7-7 所示。土体采用八节点六面体单元进行模拟，环形基础采用 4 节点刚体单元进行模拟，周边单元采用无界元模拟边界条件。矩形环形基础有限元模型见图 7-8。

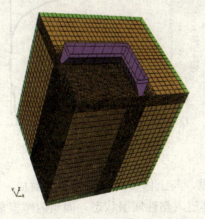

图 7-7 整体三维有限元模型

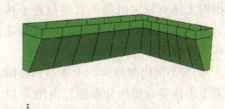

图 7-8 矩形环形基础模型

模型总单元数 119030，总节点数 125845。对称面分别采用对称约束。

2）计算假定与参数选取

计算过程中，将土体假定为均质、各向同性体。考虑环形基础与土体的接触，接触模型选用库仑摩擦模型。由于需要计算土体的极限状态，因此计算过程中采用大变形理论。计算过程中，土体采用 Mohr-Coulomb 弹塑性本构模型。弹性模量 $E=30$MPa，泊松比 $\nu=0.35$。

地基极限承载力计算方法采用 Terzaghi 计算公式：

$$q_u = cN_c + qN_q + \frac{1}{2}\gamma BN_\gamma \tag{7-1}$$

在三维有限元分析的过程中，为了分析 $N_c$、$N_q$、$N_\gamma$ 三个承载力系数，需要对土体参数进行特定的定义。

分析 $N_c$ 过程中，取地面超载 $q$ 和土体重度均为 0；同时，为了分析土体内摩擦角对 $N_c$ 的影响，保持粘聚力 $c$ 为 5kPa 不变，分别选取内摩擦角为：0°、10°、20°、30°、40°进行分析。

分析 $N_\gamma$ 过程中，地面超载 $q$ 和土体黏聚力取为 0；同时，为了分析土体内摩擦角对 $N_\gamma$ 的影响，保持土体重度 $\gamma$ 为 18kN/m³ 不变，分别选取内摩擦角为：0°、10°、20°、30°、40°进行分析。

大量试验以及实际工程表明，$N_q$ 与 $N_c$ 存在一定的关系，如下式所示：

$$N_c = (N_q - 1)\mathrm{ctg}\varphi \tag{7-2}$$

因此，没有对 $N_q$ 进行计算。

3）数值模拟分析

（1）$N_c$ 的分析

为了分析刚性环形基础的极限承载力，对刚性基础缓慢施加匀速竖向位移，然后绘制约束反力与竖向位移曲线，当约束反力随竖向位移的增加基本保持不变，即达到了地基极限承载力。图 7-9 为内摩擦角为 20°的沉降-承载力曲线。

图 7-10 为不同内摩擦角土体达到极限承载力状态下土体竖向位移分布图。由图 7-10 可见，在内摩擦角为 0°～20°时，只有基础底部很小范围内土体有较大沉降，其他位置土体影响不大；而当内摩擦角为 40°时，环形基础内部与土体均有较大的竖向沉降。

图 7-11 为不同内摩擦角，土体达到极限承

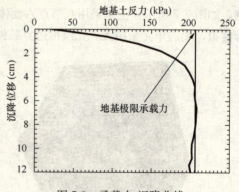

图 7-9 承载力-沉降曲线

载力状态下土体等效塑性分布图。由图 7-11 可见，与土体竖向沉降分布相对应，在内摩擦角为 0°～20°时，只有基础底部很小范围内土体进入塑性屈服状态；而当内摩擦角为 40°时，环形基础周边土体沿深度方向很大范围内土体均进入塑性破坏，相当于环形基础将整个土体切坏，从而导致环形基础内部土体产生较大沉降。

根据竖向约束反力与竖向位移的关系曲线可以得到不同内摩擦角下的极限承载力，如表 7-3 所示。

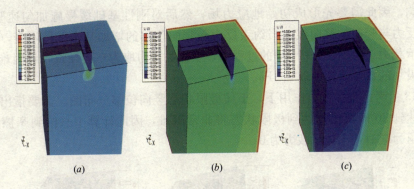

图 7-10 竖向位移分布
(a) 内摩擦角 0°；(b) 内摩擦角 20°；(c) 内摩擦角 40°

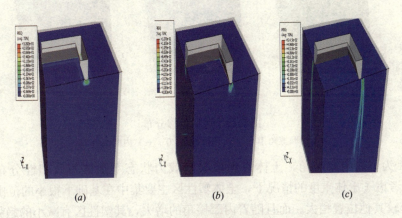

图 7-11 等效塑性分布
(a) 内摩擦角 0°；(b) 内摩擦角 20°；(c) 内摩擦角 40°

承载力与 $N_c$ 值与内摩擦角的关系　　　　表 7-3

| $\varphi$ (°) | 0 | 10 | 20 | 30 | 40 |
| --- | --- | --- | --- | --- | --- |
| $q_u$ (kPa) | 64.26 | 101.4 | 190.3 | 205.5 | 201.3 |
| $N_c$ | 12.82 | 20.28 | 38.06 | 41.10 | 40.26 |

由表 7-3 可见，随着内摩擦角的增大，极限承载力与 $N_c$ 不断增大，然而，当内摩擦角大于 30°后，极限承载力与 $N_c$ 基本保持不变，且有下降的趋势。图 7-12 为 $N_c$ 与土体内摩擦角的关系曲线，与传统的矩形基础的 $N_c$ 曲线存在较大不同，主要是内摩擦角大于 30°后，存在环形基础将土体切坏的现象。

(2) $N_\gamma$ 的分析

分析 $N_\gamma$ 的过程中，由于需要考虑土

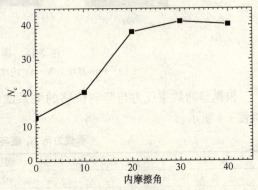

图 7-12 $N_c$ 与土体内摩擦角的关系曲线

重度的影响，因此需要先形成初始地应力场，然后对刚性基础缓慢施加匀速竖向位移，绘制约束反力与竖向位移曲线，当约束反力随竖向位移的增加基本保持不变，即达到了地基极限承载力。由于在分析 $N_\gamma$ 的过程中，土体黏聚力取为 0 会导致收敛困难，因此对其赋一个极小的数，计算中取 0.1Pa。

图 7-13 为考虑土体重力作用下，土体极限状态竖向位移分布图。需要指出的是，当内摩擦角达到 30°时，土体达到极限状态将非常困难，因此计算中只给到摩擦角为 25°。当内摩擦角为 0°时，土体承载力为 0。

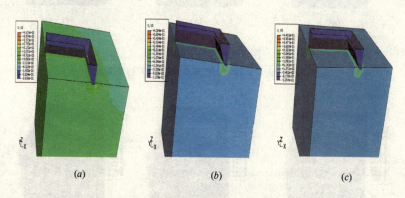

图 7-13 竖向位移分布
(a) 内摩擦角 10°；(b) 内摩擦角 20°；(c) 内摩擦角 25°

图 7-14 为不同内摩擦角，土体达到极限承载力状态下土体等效塑性分布图。由图 7-14 可见，考虑了土体重度的情况下，土体塑性区主要集中在基础下很小的范围，角点处的塑性应变较其他位置稍大。而且随着内摩擦角的增大，其塑性区有减小的趋势。

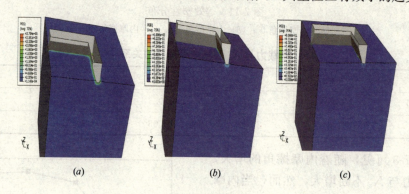

图 7-14 等效塑性分布
(a) 内摩擦角 10°；(b) 内摩擦角 20°；(c) 内摩擦角 25°

根据竖向约束反力与竖向位移的关系曲线可以得到不同内摩擦角下的极限承载力，如表 7-4 所示。

承载力与 $N_\gamma$ 值与内摩擦角的关系  表 7-4

| $\varphi$ (°) | 0 | 10 | 20 | 25 |
| --- | --- | --- | --- | --- |
| $q_u$ (kPa) | 0 | ~0 | 113.23 | 337.86 |
| $N_\gamma$ | 0 | ~0 | 17.69 | 52.78 |

由表 7-4 可见，随着内摩擦角的增大，极限承载力与 $N_\gamma$ 不断增大，图 7-15 为 $N_\gamma$ 与土体内摩擦角的关系曲线，与传统的矩形基础的 $N_\gamma$ 曲线基本一致。

## 二、刃脚土体稳定性分析

### 1. 有限元模型

采用有限元法模拟不同开挖方式对沉箱下沉状态的影响。为了简化计算，计算过程中假设沉箱为轴对称模型，土体有限元网格划分如图 7-16 所示，沉箱安装结束模型如图 7-17 所示。模型尺寸为 30m×20m，单元采用 4 节点轴对称单元。沉箱与土体之间设置滑动接触面。计算的边界条件为对称边界采用轴对称约束，侧向边界约束水平位移，底部边界约束竖向位移。沉箱模型受自重以及 1000kN 竖向施工荷载作用。

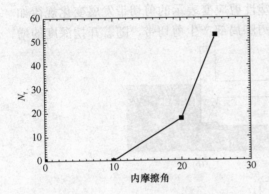

图 7-15 $N_\gamma$ 与土体内摩擦角的关系曲线

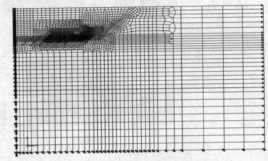

图 7-16 土体网格划分

对轴对称模型进行大变形有限元计算，大变形计算采用拉格朗日-欧拉（ALE）方法，分析工作室内土方开挖对沉箱下沉状态的影响。

计算过程中土体采用摩尔-库仑弹塑性模型，各层土体以及工作室下 1.2m 厚砂垫层的参数根据实际工程的地勘报告选取，如表 7-1 所示。沉箱由于与土相比刚度大得多，因此假定其为线弹性模型，弹性模量为 $3×10^{10}$ Pa，泊松比为 0.2。

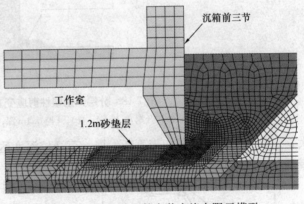

图 7-17 前三节沉箱安装完毕有限元模型

### 2. 计算工况

根据实际工况，到沉箱前三节浇筑完成、填土完成，可分为五个计算步进行分析。

(1) 平衡地应力，形成初始地应力场；
(2) 基坑放坡开挖至地表下 5.0m 深；
(3) 坑底填 1.2m 砂垫层；

(4) 浇筑沉箱前三节；

(5) 沉箱外侧回填至地表。

填土完成后，为了分析沉箱底部工作室内挖土对沉箱下沉状态的影响，分别考虑了以下几种挖土情况分析沉箱及土体的受力变形状态：

(1) 分层开挖工作室内土体，每层深度 0.2m，逐层开挖，刃脚处留土 1m 宽；

(2) 由沉箱中心逐步向刃脚处分区开挖，每区土体深度 0.6m，宽 1m；

(3) 由沉箱中心逐步向刃脚处分区开挖，每区土体深度 0.8m，宽 1m；

(4) 由沉箱中心逐步向刃脚处分区开挖，每区土体深度 1m，宽 1m。

**3. 计算结果分析**

1) 分层开挖

工作室内土体分层开挖过程中，土体采用塑性剪应变表示的剪切带发展变化规律如图 7-18 所示。开挖深度为 0.2m 时，仅在沉箱刃脚局部产生剪切带，随着开挖深度的增

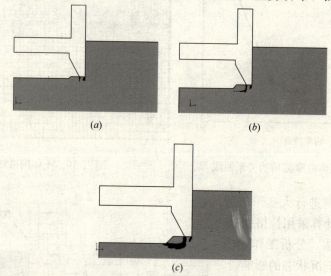

图 7-18 分层开挖塑性剪应变表示的剪切带
(a) 开挖 0.2m 深；(b) 开挖 0.4m 深；(c) 开挖 0.6m 深

大，沉箱刃脚处土体剪切带不断发展，至开挖深度达到 0.6m 时剪切带贯通，土体沿剪切带滑移，沉箱开始连续下沉。

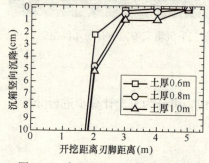

图 7-19 各开挖工况沉箱竖向沉降

2) 分区开挖

由于土体分层开挖至 0.6m 深沉箱即开始连续下沉，因此分区开挖深度选用 0.6~1m。图 7-19 为各开挖工况沉箱竖向沉降的发展情况，由图可见，分区开挖土体厚度为 0.6m、0.8m 和 1m 时，均是开挖至距离刃脚 1m 处沉箱才开始下沉；而开挖至距离刃脚 2m 处，开挖土体厚度 0.8m 和 1m 的沉箱下沉深度要大于开挖土体厚度为 0.6m 的情况。从

图 7-20 可以看出，当开挖至距离刃脚 2m 处，开挖土厚 0.6m 时土体剪切带只发生于刃脚局部位置，而开挖土厚 0.8m 时土体剪切带则有了进一步的发展，因此沉箱产生较大竖向沉降。

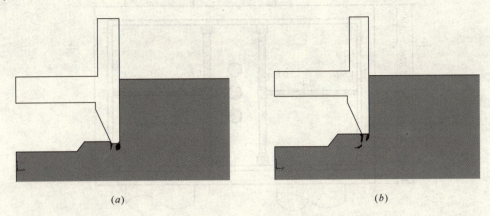

图 7-20　分区开挖至距离刃脚 2m 时的剪切带
(a) 开挖土厚 0.6m；(b) 开挖土厚 0.8m

从以上分析可见，采用有限元方法可以反映土体开挖卸荷、土体与沉箱间的相互作用，因此用于模拟土体开挖引起的沉箱下沉是非常有效的。通过数值模拟发现，当工作室内采用分层开挖的情况下，开挖深度达到 0.6m 后土体形成贯通的剪切带，沉箱开挖持续下沉。当工作室内采用分区开挖，0.6～1m 开挖深度情况下均要开挖至距离刃脚 1m 时才形成贯通的剪切带，沉箱开始持续下沉。考虑到开挖能力以及施工方便，因此实际工程中选用开挖深度小于 0.6m 的分区开挖模式，效果较好。

### 三、沉箱结构内力与变形计算

**1. 计算参数**

在进行气压沉箱结构内力与变形计算时，沉箱平面尺寸为 25.24m×15.60m，平面尺寸如图 7-21 所示。上部外井壁厚为 1.2m（+3.938～−5.612m），下部为 1.6m（−5.612～−18.462m）。考虑沉箱下沉工艺（增加整体刚度、便于格仓充水加重及纠偏等），在长边、短边处均设了中隔墙。长边上分布的两堵中隔墙厚 0.6m，短边上分布的隔墙厚 0.4m。隔墙将根据施工需要留孔或其他预埋构件等。结构剖面如图 7-22 所示，结构顶板标高+3.938m，井底标高−23.012m。其中，沉箱工作室净高 2.5m，底板厚 1.6m，刃脚底踏面宽 0.6m，高 2.5m，刃脚最厚处厚 1.8m。

侧壁、框架梁、底板、洞口井字梁及刃脚为整体结构，因此将沉箱作为一个整体采用有限元数值模拟对结构进行分析，这样更符合实际情况，且具有更好的计算精度。

沉箱结构材料假设为均质各向同性的线弹性材料，C30 混凝土弹性模量 $E=3\times10^{10}$ Pa，泊松比取 0.2。受计算规模的限制，将各层土体假定为等厚、均质、各向同性的线弹性体。土层的计算参数见表 7-5，其中土层的弹性模量为考虑了土体实际应力水平后的回弹模量值。

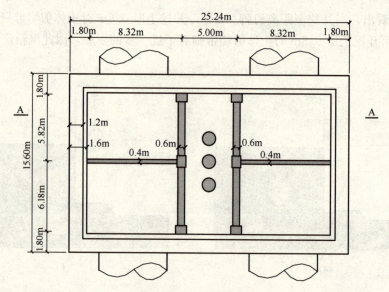

图 7-21 沉箱尺寸图

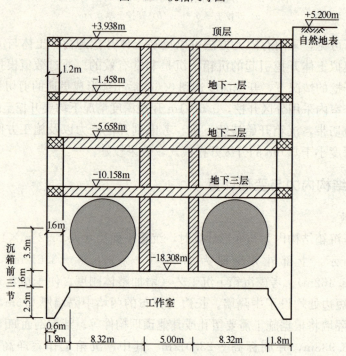

图 7-22 沉箱 A-A 剖面图

土 层 计 算 参 数　　　　　　表 7-5

| 土层名称 | 重度 $\gamma_0$ kN/m³ | 压缩模量 $E_{s0.1-0.2}$ MPa | 回弹模量 $E$ MPa | 侧压力系数 $k_0$ — | 泊松比 $\nu$ — |
|---|---|---|---|---|---|
| ②₃ 灰色黏质粉土 | 18.4 | 5.98 | 17.94 | 0.5 | 0.35 |
| ④灰色淤泥质黏土 | 16.8 | 2.01 | 6.03 | 0.5 | 0.35 |

续表

| 土层名称 | 重度 $\gamma_0$ | 压缩模量 $E_{s0.1-0.2}$ | 回弹模量 $E$ | 侧压力系数 $k_0$ | 泊松比 $\nu$ |
|---|---|---|---|---|---|
| | kN/m³ | MPa | MPa | — | — |
| ⑤₁灰色粉质黏土 | 18.0 | 3.80 | 11.4 | 0.5 | 0.35 |
| ⑤₂灰色砂质粉土 | 18.1 | 8.00 | 24 | 0.5 | 0.35 |
| ⑤₃灰色粉质黏土 | 18.0 | 3.44 | 10.32 | 0.5 | 0.35 |

计算中土压按主动土压力计算。沉箱侧壁洞口结构形式为1m厚度井字梁加素混凝土封堵，其中井字梁为主要受力部件，考虑一定的安全系数，计算中不考虑素混凝土本身的强度，洞口仅井字梁承受侧壁荷载，沉箱结构分六次制作四次下沉，计算工况如表7-6所示。图7-23～图7-24为不同工况下应力和变形云图。

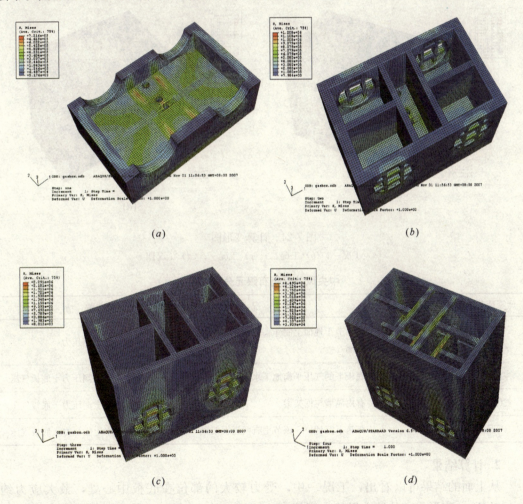

图 7-23 计算应力图
(a) 工况一；(b) 工况二；(c) 工况三；(d) 工况四

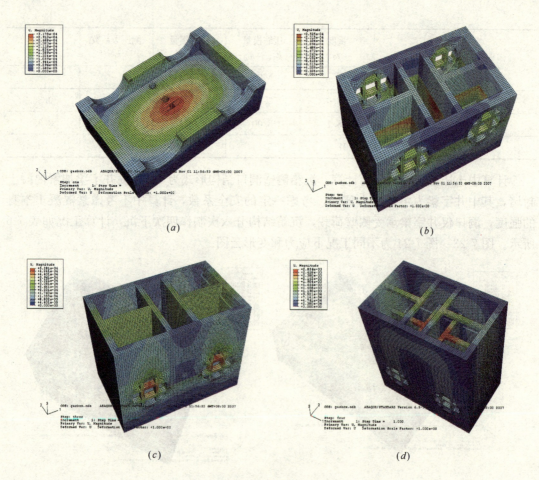

图 7-24 计算变形图
(a) 工况一；(b) 工况二；(c) 工况三；(d) 工况四

中央风井沉箱有限元分析过程　　表 7-6

| 计算荷载步 | 下沉深度 (m) | 工况 | 荷载情况 |
| --- | --- | --- | --- |
| 工况一 | 7.6 | 前三节于地面上制作，底板下部无气压，无内隔墙 | 自重＋水土侧压力 |
| 工况二 | 4.6 | 底板下的气压平衡地下水土压力，有内隔墙 | 自重＋水土侧压力＋底板气压 |
| 工况三 | 7.3 | 有内隔墙与框架梁 | 自重＋水土侧压力＋底板气压 |
| 工况四 | 9.0 | 沉箱下沉到位，该节中有两道框架梁 | 自重＋水土侧压力＋底板气压 |

**2. 计算结果**

从上面的结果可以看出，工况一中，受力较大的部位在底板中心处，最大应力约 1.136MPa，变形最大的地方仍然在底板中心区域，约 0.32mm，由于此时的水土压力很小，故侧壁变形不明显。工况二中，大应力区域仍然在底板中心施工预留洞口及洞口井字梁处，最大应力约 1.21MPa，变形最大的地方在底板中间和侧壁下部，约 0.25mm。

工况三中，沉箱的最大应力有所增加，由于隔墙的增高，底板中间应力没有明显增加，最大应力部位集中在侧壁转角及洞口井字梁处，最大值约 2.3MPa，而结构变形较大的部位也在洞口井字梁处，最大值约 0.53mm。工况四中，此时沉箱所受外荷载达到最大值，结构的内力最大部位在框架梁、侧壁转角及井字梁处，最大值约 4.5MPa。最大变形部位在沉箱上部框架梁上，约 2.86mm。

### 四、沉箱与土体共同作用的分析方法

**1. 计算模型**

假设气压沉箱工程平面尺寸为 25.24m×15.60m，分六次下沉，施工工况按表 7-7。

施 工 工 况　　　　　　　　　　　表 7-7

| 计算荷载步 | 下沉高度（m） | 计算荷载步 | 下沉高度（m） |
| --- | --- | --- | --- |
| 工况一 | 施加初始地应力 | 工况五 | 下沉至 13m |
| 工况二 | 下沉至 3m | 工况六 | 下沉至 19m |
| 工况三 | 下沉至 5m | 工况七 | 下沉至 28.5m |
| 工况四 | 下沉至 8m | | |

气压沉箱工程连续介质有限元模型根据工程特点取四分之一进行有限元分析。有限元模型总长约 50m，宽约 40m，深 80m，可以充分考虑沉箱对周围土体扰动的影响。土体、沉箱均采用六面体八节点等参单元。模型总单元数 32115，总节点数 40606。分析过程中对土体 $x$ 边界施加 $x$ 向位移约束，对土体 $y$ 边界施加 $y$ 向位移约束，土体底部边界全约束。有限元模型见图 7-25。

材料参数见表 7-1，结构平面及立面尺寸见图 7-21 及图 7-22。

**2. 接触面参数**

为模拟沉箱下沉过程中沉箱与土体相互作用，在沉箱外侧面和刃脚处设置沉箱与土的接触面。接触面采用摩尔库仑摩擦模型，摩擦系数取 0.3，极限摩阻力取 40kPa。

**3. 计算结果**

1) 沉箱边土体侧向变形

从图 7-26 和图 7-27 可见，随着下沉深度的增加，土体侧向变形增大。下沉初期侧向变形很小，当沉箱下沉到 28.5m 时，侧向变形突然增大，最大达到 16mm，变形主要集中在沉箱下部。

2) 周围地面沉降

从图 7-28～图 7-29 可见，地面沉降随着下沉深度的增加而增大，最大地面沉降达至 −29.0mm。离沉箱越近，沉降越大，在离沉箱 30m 范围以外，地面沉降几乎为零。

3) 沉箱壁侧向变形

从图 7-30～图 7-31 可见，沉箱侧向变形的规律和周围土体变形基本一致，下沉初期变形很小，随沉箱下沉深度的增加而增大，由于沉箱结构刚度大，侧向变形较小，变形最大值为 0.22mm。

4) 沉箱外壁土压力与侧摩阻力

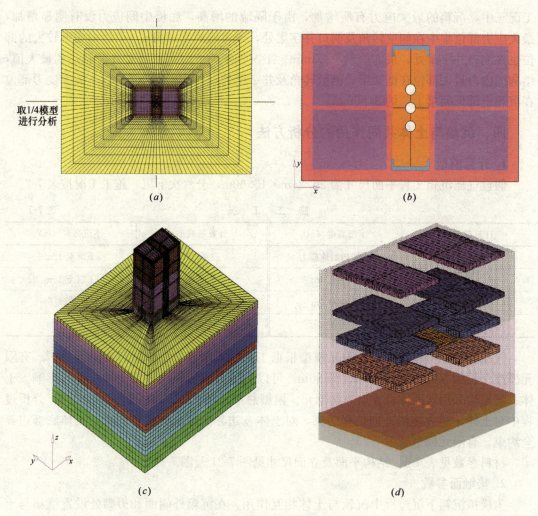

图 7-25 沉箱计算模型图

(a) 整体模型平面图；(b) 沉箱模型平面图；(c) 整体模型立面图；(d) 整体模型透视图

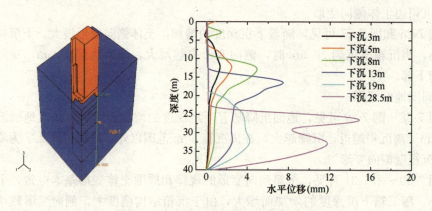

图 7-26 断面 Path-1 上的土体侧向变形

从图 7-32～图 7-33 可见，沉箱外侧摩阻力随下沉深度的增加而增大，并且侧壁摩阻

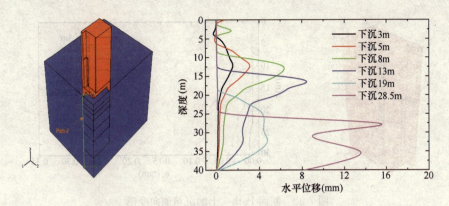

图 7-27 断面 Path-2 上的土体侧向变形

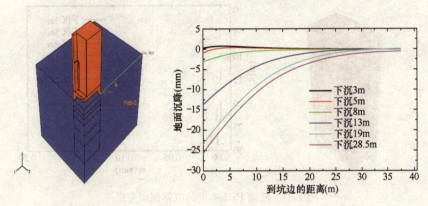

图 7-28 断面 Path-3 上的地面沉降

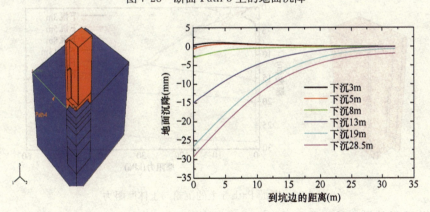

图 7-29 断面 Path-4 上的地面沉降

力由上而下发展,最大侧摩阻力达到 40kPa。图 7-34 表明,侧壁土压力随下沉深度的增加而增大,最大土压力达 280kPa。

### 五、地震响应三维有限元计算

**1. 计算模型**

根据沉箱的实际结构尺寸和周围土层分布建立三维有限元模型。结构侧面各向外延

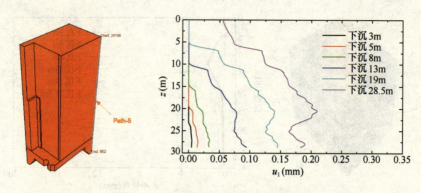

图 7-30　断面 Path-5 上的沉箱侧向变形

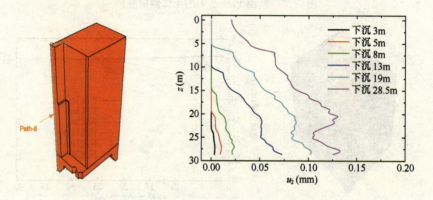

图 7-31　断面 Path-6 上的沉箱侧向变形

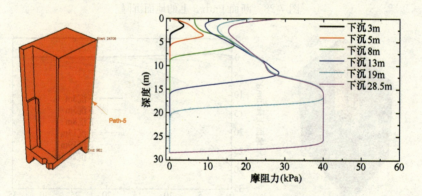

图 7-32　断面 Path-5 上的沉箱与土体摩阻力

伸 100m 作为计算模型的边界,采用自由边界条件,底部向下延伸 50m,同时施加固定约束。建立的整体模型如图 7-35（a）所示,沉箱内部结构见图 7-35（b）,整个模型全部采用 3D 实体单元。土体采用线弹性本构模型,土体参数见表 7-1。沉箱结构为钢筋混凝土材料,密度取 $2400 kg/m^3$,弹性模量取 30GPa,泊松比取 0.2。

考虑到上海地区历史上没有发生过强度较大的有记载的地震,计算采用了在地震反应分析时常用的 El-Centro 波,经调整后作为地震加速度曲线输入。上海地区地震设防烈度为 7 度,相应的地面加速度峰值为 $0.107g$。El-Centro 波调整后的加速度曲线如图 7-36

第三节　沉箱结构理论计算　　**143**

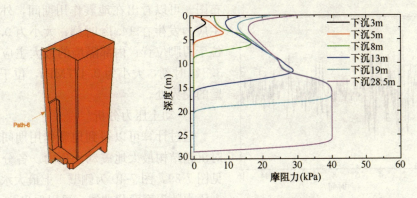

图 7-33　断面 Path-6 上的沉箱与土体摩阻力

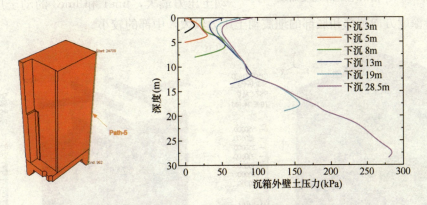

图 7-34　断面 Path-5 上沉箱外壁土压力

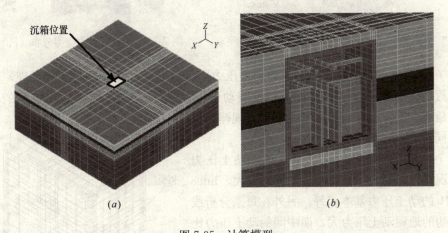

图 7-35　计算模型
($a$) 整体计算模型；($b$) 沉箱内部结构及周围土层分布图

所示。本次计算考虑地震波沿水平 $x$ 方向输入。

**2. 计算结果及分析**

1) 应力分析

图 7-37 和图 7-38 分别是沉箱结构外壁和内部隔墙在地震过程中发生的最大主应力分

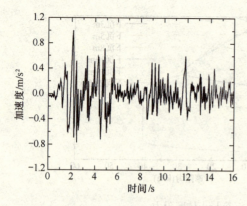

图 7-36 输入地震加速度曲线

布图。可以看出在地震作用期间，外壁的最大主应力发生在 14.1s 时刻，大小为 0.621MPa，位于刃脚位置；内部隔墙的最大主应力发生在 3.84s 时刻，大小为 0.477MPa，位于隔墙与井壁的交界处。

2) 动土压力分析

通过计算可以得到地震作用期间周围土体对沉箱结构最大地震动土压力。各分析线位置见图 7-39，图 7-40 为侧壁 1 上最大水平地震动土压力随深度变化曲线。可以看出 line2 的地震动土压力最大，line1 和 line3 的动土压力基本相等。沿深度方向顶部和底部的地震动土压力较大，中部的较小。

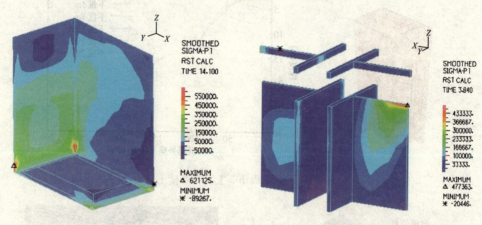

图 7-37 沉箱最大主应力分布（Pa）　　图 7-38 隔板最大主应力分布（Pa）

图 7-41 是侧壁 2 上最大水平地震动土压力随深度变化曲线。通过比较发现，在该平面上靠近结构边缘（line4 和 line7）的地震动土压力最大，在结构中间（line6）的地震动土压力最小。沿深度方向的侧壁 2 的分布规律与侧壁 1 相同。

图 7-42 是沉箱顶板上最大垂直地震动土压力分布情况，可以看出 line9 的动土压力最大，line8 和 line10 的动土压力基本相等。另外在每条分析线上，两边的地震动土压力大，而中间的动土压力比较小。

通过以上分析，可见在垂直于地震动作用方向的侧壁上的动土压力分布规律与平行于地震动方向的侧壁不同；同一侧壁上不同位置的动土压力也不一样。这样的特征是二维有限元所不能反映的，因此在地下结构抗震计算中有必要进行三维分析。

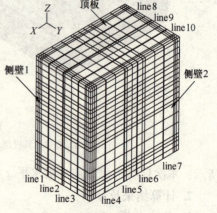

图 7-39 沉箱上动土压力分析选线示意图

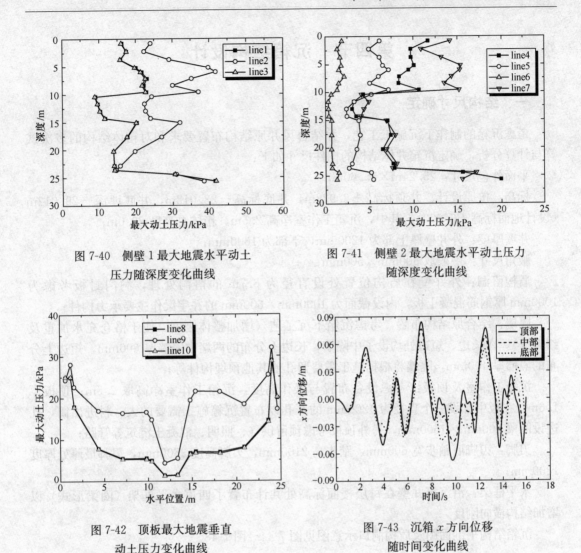

图 7-40　侧壁 1 最大地震水平动土
压力随深度变化曲线

图 7-41　侧壁 2 最大地震水平动土压力
随深度变化曲线

图 7-42　顶板最大地震垂直
动土压力变化曲线

图 7-43　沉箱 $x$ 方向位移
随时间变化曲线

3) 位移分析

考虑到地震波沿 $x$ 方向输入，因此地下结构的位移主要表现在 $x$ 方向上。图 7-43 是沉箱结构不同高度位置上 3 个点的水平 $x$ 方向位移随时间变化曲线，可以看出在地震作用过程中，各点振动频率基本上相同，各时刻的位移方向保持一致，整个结构是整体移动，其中顶部的位移幅度稍大，底部的位移最小，但他们的相对位移很小，结构没有产生过大的剪切变形。

通过气压沉箱地震响应三维有限元计算可见，在 EI-Centro 调整波的作用下，沉箱结构的最大主应力较小，满足强度要求。在地震作用过程中，沉箱结构基本上保持整体移动，没有产生过大的剪切变形而破坏。计算结果表明在不同侧壁上的地震动土压力分布特征不相同，而且同一侧壁上不同水平位置的地震动土压力大小也不相同，说明对于三维特征比较明显的地下结构，只有通过三维分析才能从整体上反映土体与结构动力相互作用的特征。

## 第四节 沉箱结构设计

### 一、结构尺寸确定

考虑沉箱的制作下沉施工工艺，并结合风井原结构布置要求和对箱体结构的多次试算与计算分析，确定沉箱井体结构的构件尺寸如下：

平面外包尺寸：25.24m×15.60m；

标高：按原设计，井顶标高+3.938m，井底标高-23.012m，井底埋深-29.012m（设计地面标高+6.000）。其中，沉箱工作室净高2.5m，箱体总高度29.0m；

井壁厚度：外井壁厚上部为1200mm，下部为1600mm；

腋角尺寸：一般取 500mm×500mm；

盾构留洞：外井壁在盾构位置处设直径为6.7m的留洞处理，洞门封板考虑为1000mm厚钢筋混凝土板，内设截面为1000mm×600mm的井字梁作主要承力构件；

隔墙：结合原结构布置，考虑沉箱下沉工艺（增加整体刚度、便于格仓充水加重及纠偏等），在长边、短边处均设了中隔墙，长边上分布的两堵中隔墙厚600mm，短边上分布的隔墙厚400mm，隔墙将根据施工需要留孔或其他预埋构件等；

沉箱工作室及顶板：考虑设备布置与操作高度，沉箱工作室净高取2.5m；顶板厚1.6m，在板中部设三个直径为1200mm的开孔以布置沉箱施工需要的人、料进出筒，孔边设圈梁 400mm×1600mm，另外顶板考虑预留供气、照明、混凝土浇筑等管路；

刃脚：刃脚底踏步宽600mm、踏步高2100mm，刃脚高度2500mm，刃脚最厚处厚度1800mm；

水平框架：沿沉箱井壁在每层楼面标高处共计布置了四道水平框架（圈梁形式）以增加结构横向刚度。

沉箱结构平剖面图及盾构洞口示意图见图 7-44~图 7-48。

### 二、下沉前地基承载力验算

沉箱前三节制作在地面进行，沉箱第一节制作时不能产生沉降，验算时砂垫层、下卧层承载力均取容许承载力。地基承载力验算直接依据该公式并结合以往的经验进行确定。后二节制作时沉箱允许有少量均匀沉降，故砂垫层、下卧层承载力取极限值。下沉前的地基承载力验算见表 7-8。

由上式看出，由于刃脚采取砖模，支撑面积大，因此在拆除底板支撑脚手后，依靠刃脚及砖模支撑，仍能够满足结构稳定，地基承载力仍有一定余量。满足施工要求。实际施工时在沉箱正式下沉前，沉箱沉降量不大，且较均匀，说明理论计算结果符合实际施工情况。

### 三、下沉系数及下沉稳定性计算

沉箱分六节制作，四次下沉，制作高度及下沉深度见表 7-9。

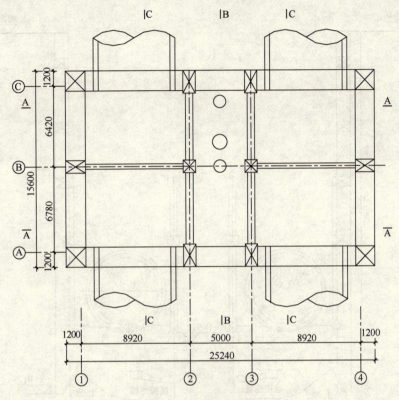

图 7-44 沉箱平面图

**沉箱下沉前地基承载力** 表 7-8

| 制作工况 | 制作高度与自重 | | | 砂垫层承载力验算 $(kN/m^2)$ | 下卧层承载力验算 $(kN/m^2)$ |
|---|---|---|---|---|---|
| | 高度 (m) | 自重 (kN) | 自重＋施工荷载 (1000kN) | | |
| 第一节 | 2.5 | 6160 | 6160 | $\sigma=45.9<[\sigma_砂]$ | $\sigma_下=32.4<[\sigma_下]=80$ |
| 第二节 | 1.6 | 15750 | 21900 | $\sigma=163.4<\sigma_极$ | $\sigma_下=119.6<\sigma_极=200$ |
| 第三节 | 3.5 | 10544 | 33444 | $\sigma=250<\sigma_极$ | $\sigma_下=171<\sigma_极=200$ |

注：$G$：沉箱各制作阶段自重；

$S$：刃脚下素混凝土垫层面积取 $134m^2$；

$[\sigma_砂]$：砂垫层容许承载力取 $100kN/cm^2$；

$\sigma_极$：砂垫层极限承载力取 $300kN/cm^2$；

$L$：刃脚下素混凝土垫层中心线长 $72.08m$；

$B$：刃脚下素混凝土垫层宽度取 $1.8m$；

$H$：砂垫层厚度取 $1.2m$；

$\tan\alpha$：砂垫层内摩擦正切角取 $0.5\sim0.6$；

$\gamma_砂$：砂重度取 $18kN/m^3$；

$[\sigma_下]$：下卧层容许承载力，取 $80kN/cm^2$；

$\sigma_极$：下卧层极限承载力取 $200kN/cm^2$。

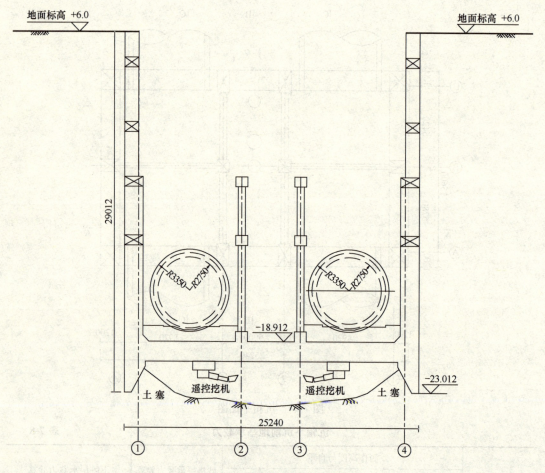

图 7-45 沉箱 A-A 剖面图

**制作高度及下沉深度** 表 7-9

| 工况 | 节段 | 制作高度 | 下沉深度 | 备注 |
|---|---|---|---|---|
| 第一次下沉 | 1、2、3 节 | 7.6m | 6m | 基坑预挖 3m 实际下沉 3m |
| 第二次下沉 | 4 节 | 4.2m | 10.2m | |
| 第三次下沉 | 5 节 | 8.8m | 18.0m | |
| 第四次下沉 | 6 节 | 8.4m | 29.012m | |

## 1. 第一次下沉

本次下沉 3m；前三节共 7.6m 高；本次下沉前基坑已回填至原地面标高，故下沉前刃脚入土 3m，下沉 3m 后，结构高出地面 1.6m 以便第四节结构接高。第一次下沉工况如图 7-49 所示。

结构自重：（混凝土重度取 $25kN/m^3$）

2.5m 高刃脚：$V=242m^3$，$G_1=6050kN$

1.6m 厚底板：$V=630m^3$，$G_2=15750kN$

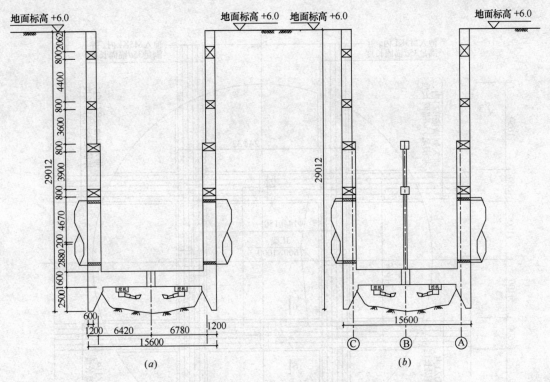

图 7-46　B-B、C-C 剖面图

3.5m 高沉箱壁：$V=422m^3$，$G_3=10550kN$

本次下沉结构自重 $G=G_1+G_2+G_3=32350kN$，另制作第四节沉箱所需脚手架及施工荷载 $N=1000kN$

刃脚踏面宽 0.6m，则刃脚底面积为 $47.57m^2$。

(1) 起沉时：

摩阻力值为：$F=(25.24+15.6)\times 2\times 3\times 12\times 0.5=2940kN$

起沉时下沉系数：$k_{st}=\dfrac{G+N-F_w}{F}=11.3>1.25$

下沉系数过大，需进行下沉稳定验算，验算时刃脚下地基反力取值如下：

地基反力取值表　　　　　　　　　　　表 7-10

| 层　序 | 土层名称 | $f_k$ (kPa) | 计算取值 (kPa) | 刃脚反力 (kN) |
| --- | --- | --- | --- | --- |
| ②₃ | 灰色黏质粉土 | 160 | 250 | 11892 |
| ④ | 灰色淤泥质黏土 | 120 | 200 | 9514 |
| ⑤₂ | 灰色砂质粉土 | 224 | 300 | 14271 |

下沉稳定系数：

$$k_{sts}=\dfrac{G+N-F_w}{F+R_b}=\dfrac{32350+1000}{2940+11892}=2.24>0.9$$

防突沉系统需提供 $\dfrac{G+N-F_w}{0.9}-(F+R_b)=22223kN$ 的支撑力以防止下沉过快。

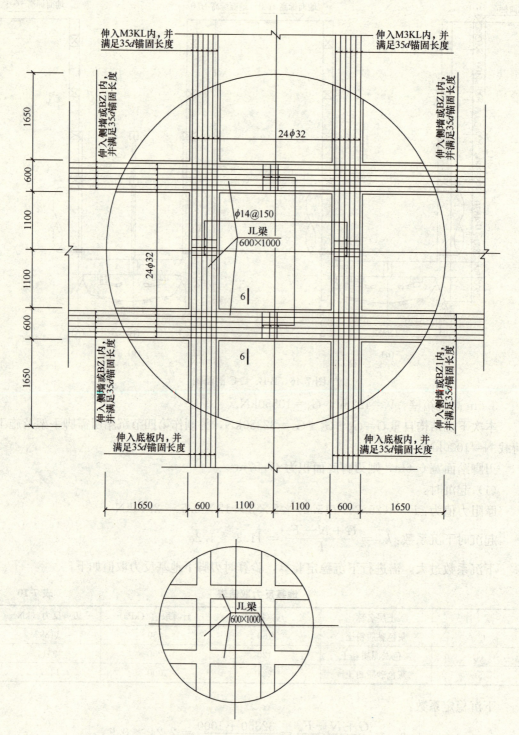

图 7-47 盾构洞口封板暗梁示意图

(2) 下沉 2.5m 时

加气压值为 0.05MPa，此时：

$G=32350$kN

$N=1000$kN

$F=81.68\times5\times20/2+0.5\times81.68\times20$
$=4900.8$kN

$R_b=11892$kN

$$k_{st}=\frac{G+N}{F}=6.8>1.25$$

则下沉稳定系数：

$$k_{sts}=\frac{G+N}{F+R_b}=1.98>0.9$$

防突沉系统需提供约 20263kN 的支撑力以防止下沉过快。

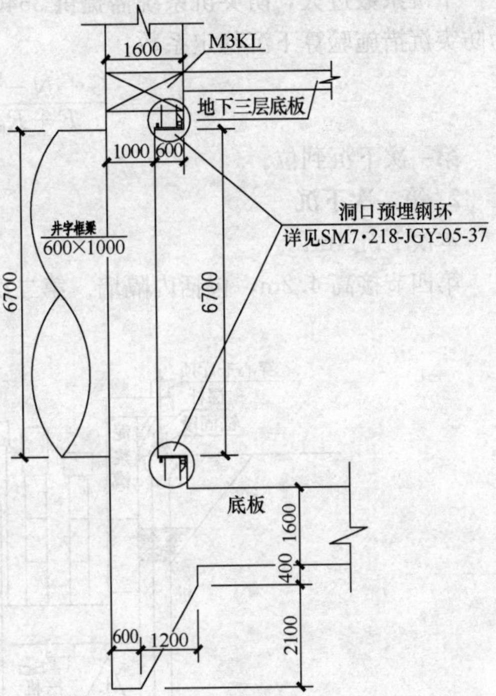

(3) 下沉 3m 时

$F_G$ 为沉箱工作室空气浮托力，加气压值为 0.055MPa，此时：

$G=32350$kN；

$N=1000$kN

$F_G=55\times393.7=21653$kN

$F=81.68\times5\times20/2+1\times81.68\times20=5717.6$kN

$R_b=11892$kN

则下沉系数：

$$k_{st}=\frac{G+N-F_G}{F}=2.04>1.25$$

图 7-48 预留盾构机进出洞口处立剖面图

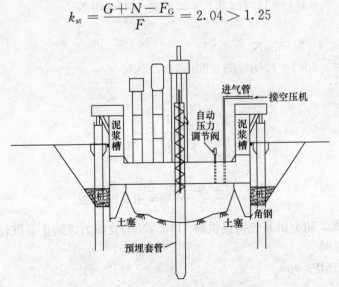

图 7-49 第一次下沉工况示意图

下沉系数过大，防突沉系统需提供 3640kN 支撑力防止过快下沉或突沉。考虑刃脚作为防突沉措施验算下沉稳定系数：

$$k_{sts} = \frac{G + N - F_G}{F + R_b} = 0.66 < 0.8$$

第一次下沉到位。

### 2. 第二次下沉

本次下沉 4m；

第四节接高 4.2m，包括内隔墙。第二次下沉工况如图 7-50 所示。

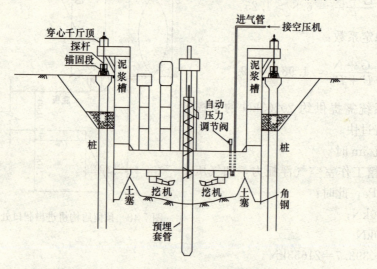

图 7-50 第二次下沉工况示意图

（1）接高稳定性验算：

$$G = 32350 + 4.1 \times 120.4 \times 25 + 4.1 \times 8.92 \times 0.4 \times 25 \times 2$$
$$+ 4.1 \times 12.4 \times 0.6 \times 25 \times 2 = 47000 \text{kN}$$

$N = 1000\text{kN}$

$F_G = 55 \times 393.7 = 21653\text{kN}$

$F = 81.68 \times 5 \times 20 / 2 + 1 \times 81.68 \times 20 = 5717.6\text{kN}$

$R_b = 11892\text{kN}$

稳定性：

$$k_{sts} = \frac{G + N - F_G}{F + R_b} = 1.49$$

下沉系数：

$$k_{st} = \frac{G + N - F_G}{F} = 4.6 > 1.25$$

下沉系数过大，防突沉系统需提供约 11665kN 的支撑力以防止下沉过快。

（2）下沉 4m 时

加气压 0.095MPa

$G = 47000\text{kN}$

$N=1000$kN

$F_G=95\times 393.7=37401$kN

$F=81.68\times 5\times 20/2+5\times 81.68\times 20=12251$kN

$R_b=11892$kN

下沉系数：

$$k_{st}=\frac{G+N-F_G}{F}=0.86<1.05$$

下沉困难，助沉系统需提供 2265kN 助沉力。

第二次下沉到位。

### 3. 第三次下沉

本次下沉 8.7m。

第五节沉箱接高 8.8m，包括内隔墙。

气压维持在 0.095MPa。第三次下沉工况如图 7-51 所示。

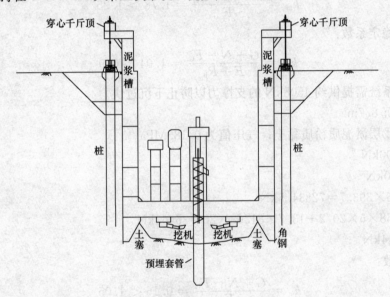

图 7-51 第三次下沉工况示意图

(1) 接高稳定性验算：

$$G=47000+5.6\times 120.4\times 25+3.2\times 92.3\times 25+8.8\times 8.92$$
$$\times 0.4\times 25\times 2+8.8\times 12.4\times 0.6\times 25\times 2=76000\text{kN}$$

$N=1000$kN

$F_G=95\times 393.7=37401$kN

$F=81.68\times 5\times 20/2+5\times 81.68\times 20=12251$kN

$R_b=11892$kN

稳定性：

$$k_{sts}=\frac{G+N-F_G}{F+R_b}=1.64>0.9$$

下沉系数：

$$k_{st} = \frac{G+N-F_G}{F} = 3.23 > 1.25$$

下沉系数过大，防突沉系统需提供约 19855kN 的支撑力以防止下沉过快。

(2) 下沉 2.7m

此时气压值为 0.12MPa。

$G=76000$kN

$N=1000$kN

$F_G=120×393.7=47244$kN

$F=81.68×5×20/2+7.7×81.68×20=16662$kN

$R_b=11892$kN

下沉系数：

$$k_{st} = \frac{G+N-F_G}{F} = 1.78 > 1.25$$

则下沉稳定系数：

$$k_{sts} = \frac{G+N-F_G}{F+R_b} = 1.04 > 0.9$$

防突沉系统需提供约 4508kN 的支撑力以防止下沉过快。

(3) 下沉 8.7m

进入第④层淤泥质粉质黏土；气压值为 0.185MPa。

$G=76000$kN

$N=1000$kN

$F_G=185×393.7=72834.5$kN

$F=81.68×5×20/2+13.7×81.68×20=26463$kN

$R_b=9514$kN

下沉系数：

$$k_{st} = \frac{G+N-F_G}{F} = 0.16 < 1.05$$

下沉困难，助沉系统需提供约 23620kN 的推力以帮助沉箱下沉。以上计算没有考虑泥浆减阻效应，考虑泥浆减阻计算如下：

$G=76000$kN

$N=1000$kN

$F_G=185×393.7=72834.5$kN

$F=8.7×81.68×20=14212$kN

$R_b=9514$kN

下沉系数：

$$k_{st} = \frac{G+N-F_G}{F} = 0.29 < 1.05$$

助沉系统需提供约 10756kN 的推力以帮助沉箱下沉。

此时第三次下沉到位。

**4. 第四次下沉**

本次下沉 11m 到达设计深度，刃脚进入⑤$_2$ 层。第 6 节接高 8.4m 至沉箱顶部，且另有顶部挡墙结构。第四次下沉工况如图 7-52 所示。

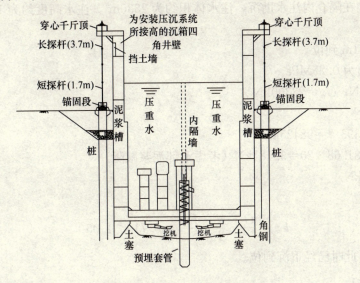

图 7-52 第四次下沉工况示意图

气压值为 0.185MPa

（1）接高稳定性验算：

$G = 97000$ kN

$N = 1000$ kN

$F_G = 185 \times 393.7 = 72835$ kN

$F = 81.68 \times 5 \times 20/2 + 13.7 \times 81.68 \times 20 = 26463$ kN

$R_b = 14271$ kN

稳定性验算：

$$k_{sts} = \frac{G + N - F_G}{F + R_b} = 0.61$$

下沉系数：

$$k_{st} = \frac{G + N - F_G}{F} = 0.95 < 1.05$$

下沉困难，助沉系统需提供 2500kN 的推力以帮助下沉。

（2）下沉 6m

此时气压值为 0.2MPa

$G = 97000$ kN

$N = 1000$ kN

$F_G = 200 \times 393.7 = 78740$ kN

$F = 14.7 \times 81.68 \times 20 = 24013$ kN（考虑上部泥浆减阻）

$R_b = 14271$ kN

下沉系数：

$$k_{st} = \frac{G+N-F_G}{F} = 0.8 < 1.05$$

下沉困难，在隔仓内注水助沉，注水体积约为 $2330 m^3$，注水高度约为 12m 可以满足稳定下沉。

(3) 下沉 11m 到位

此时气压值为 0.25MPa

$G = 97000$ kN；$G_w = 23300$ kN

$N = 1000$ kN

$F_G = 250 \times 393.7 = 98425$ kN

$F = 19.7 \times 81.68 \times 20 = 32181$ kN（考虑上部泥浆减阻）

$R_b = 14271$ kN

下沉系数：

$$k_{st} = \frac{G+N-F_G}{F} = 0.71 < 1.05$$

下沉困难，此时已经下沉到位。

稳定性验算：

$$k_{sts} = \frac{G+N-F_G}{F+R_b} = 0.49$$

**5. 计算结果**

计算结果汇总见表 7-11。

下沉系数汇总表　　　　　表 7-11

| 下沉工况 | 制作节次 | 刃脚深度 (m) | 自重 $G_k$ + 活载 $N$ (kN) | 总浮力 $F_G$ (kN) | 总摩阻力 $F$ (kN) | 下沉系数 $k_{st}$ |
|---|---|---|---|---|---|---|
| 一 | 1、2、3 | 3.0 | 33350 | — | 2940 | 11.3 |
| | | 5.5 | 33350 | — | 4900 | 6.8 |
| | | 6.0 | 33350 | 21653 | 5717 | 2.04 |
| 二 | 4 | 6.0 | 48000 | 21653 | 5717 | 4.6 |
| | | 10.0 | 48000 | 37401 | 12251 | 0.86 |
| 三 | 5 | 10.0 | 77000 | 37401 | 12251 | 3.23 |
| | | 12.7 | 77000 | 47244 | 16662 | 1.78 |
| | | 18.7 | 77000 | 72834 | 26463 | 0.29 |
| 四 | 6 | 18.7 | 121300 | 72834 | 26463 | 0.95 |
| | | 24.7 | 121300 | 78740 | 24013 | 0.8 |
| | | 29.7 | 121300 | 98425 | 32181 | 0.71 |

从上表可以看出，第一、二次下沉系数较大，需考虑提供必要支撑力以防止下沉过快或突沉；第三、四次下沉困难，需由助沉系统提供助沉力以及在沉箱内隔仓注水帮助下沉。进行助沉和注水后沉箱下沉稳定性可以得到保证。

针对沉箱结构在下沉时出现的过快、过缓及偏心的问题，本方案设计了自主支承、压沉及纠偏系统，表 7-12 为在施工下沉过程中各工况所受荷载的理论计算值、稳定系数计算值及采用的工程措施。

结构受力及稳定系数计算值　　　　　　　　　　　表 7-12

| 工况 | 阶段 | 气压环境<br>(kPa) | 稳定系数<br>$k_{sts}$ | 系统功能 | 系统受力<br>(kN) |
|---|---|---|---|---|---|
| 第一次下沉<br>下沉 3m | 起沉 | 0 | 2.24 | 支承 | 22223 |
| | 2.5m | 50 | 1.98 | 支承 | 20263 |
| | 3.0m | 55 | 0.66 | 支承 | 3640 |
| 第二次下沉<br>下沉 4m | 接高 | 55 | 1.49 | 支承 | 11665 |
| | 4.0m | 95 | 0.44 | 助沉 | 2265 |
| 第三次下沉<br>下沉 8.8m | 接高 | 95 | 1.64 | 支承 | 19885 |
| | 2.7m | 120 | 1.04 | 支承 | 4058 |
| | 8.7m | 185 | 0.17 | 助沉 | 10756 |
| 第四次下沉<br>下沉 11m | 接高 | 185 | 0.61 | 助沉 | 2500 |
| | 6.0m | 200 | 0.50 | 注水助沉 | |
| | 11.0m | 250 | 0.49 | 下沉到位 | |

## 四、刃脚强度验算

### 1. 刃脚向外弯曲的计算

当沉箱开始下沉时，刃脚已插入土内，刃脚下部承受到较大的正面及侧面压力，而井壁外侧土压力并不大，此时刃脚根部将产生向外弯曲力矩。按照规范规定地基反力略大于地基极限承载力，取 180kPa。

$R_j = R_{j1} + R_{j2} = 0.6 \times 1 \times 180 + 1.2 \times 1 \times 180/2 = 252 \text{(kN)}$

$P_l = \dfrac{R_j h_s}{h_s + 2a\tan\theta}\tan(\theta - \beta_0) = \dfrac{252 \times 1}{1 + 2 \times 0.6 \times \dfrac{2.1}{1.2}}\tan(60° - 20°)$

$= \dfrac{252}{3.1} \times 0.84 = 68.28 \text{(kN)}$

$d_l = \dfrac{h_l}{2\tan\theta} - \dfrac{h_s}{6h_s + 12a\tan\theta}(3a + 2b)$

$= \dfrac{2.1}{2 \times 1.75} - \dfrac{1}{6 \times 1 + 12 \times 0.6 \times 1.75}(1.8 + 2.4) = \dfrac{2.1}{3.5} - \dfrac{4.2}{18.6} = 0.3742 \text{(m)}$

$M_l = P_l\left(h_l - \dfrac{h_s}{3}\right) + R_j d_l = 68.28 \times \left(2.1 - \dfrac{1}{3}\right) + 252 \times 0.3742 = 214.9 \text{(kN·m)}$

$N_l = R_j - g_l = 252 - (0.6 + 1.8) \times 2.1 \times \dfrac{1}{2} \times 25 = 189 \text{(kN)}$

此种情况下计算所得的弯矩比上面计算所得的弯矩要小，满足要求。计算配筋 $A_s = 3200 \text{mm}^2$。

## 2. 刃脚向内弯曲的计算

当沉箱下沉至最后阶段,刃脚周围的土被挖空,即为刃脚向内弯曲的最不利情况(尽管在沉箱下沉工况中不太可能出现这一工况,基于安全计,仍进行计算与验算)。此时,在刃脚根部水平截面上将产生最大的向内弯矩。向内弯矩计算公式如下:

$$M_l = \frac{1}{6}(2F_{epl} + F'_{epl})h_l^2 \tag{7-3}$$

刃脚内力及配筋表　　　　　　　　表 7-13

| 项目名称 | $F_{epl}$ | $F'_{epl}$ | $h_l$ | $M_l$ | 计算配筋 | 实际配筋 |
|---|---|---|---|---|---|---|
| 刃脚根部 | 181.4 | 168.6 | 2.1 | 390.6 | 3200 | 4021 |
| 沉箱下底板 | 181.4 | 165.6 | 2.5 | 550.4 | 3200 | 4021 |

从表 7-13 的计算可以得知,刃脚强度验算满足要求。刃脚内力及配筋见表 7-13。

## 五、抗浮验算

沉箱下沉到位后,在设备撤出工作室后,即可将工作室内填充满素混凝土。箱内气压作用逐步减小归零,此时,沉箱结构所受浮力作用最大。

封底素混凝土重量:$G = \rho \cdot V = 18753$ kN;

沉箱结构自重为:105000 kN;

按设计地下水位 0.5m,沉箱受到的总浮力为:112200 kN。

总自重 > 1.05 × 总浮力,满足抗浮要求。

## 六、支承、压沉一体化系统

### 1. 设计思路

1)支承力提供方式

沉箱产生下沉过快(突沉)主要是由于地基无法提供与上部结构重量相当的承载力引起的,解决的方法就是增加地基承载力。而增加地基承载力可以通过地基加固或地基托换来实现。地基加固主要通过化学方法(如注浆)改善土体的性质,增加其承载力;地基托换则是使用其他具有承载能力的基础(如桩基)来取代土体,支承上部荷载。

由于沉箱下沉是通过挖土排土,破坏沉箱与土体之间的摩阻力来实现的,因此单单改善土性来增加土体承载力是不能有效提供支承力。而采用地基托换,将上部荷载转移至其他形式的基础上,使沉箱下部土体开挖对该基础的承载力无太大影响。

2)支承、压沉装置的结构

为保证支承力及压沉力能有效的传递到桩基上,需要在桩基与沉箱结构之间布置传力装置。为不影响到沉箱内部施工,装置结构形式考虑为外挑牛腿,制作材料可选用混凝土结构(与沉箱结构浇筑时一起制作),也可为钢结构(通过连接措施与沉箱结构连接)。采用混凝土结构,可通过钢筋与主体结构锚固,浇筑形成一体,整体性较好,但在牛腿部分模板的处理较复杂,在沉箱下沉后需要凿除,增加了施工工序。而考虑到钢结构已经广泛运用于土建安装,其具有加工精度高,制作安装方便,又可重复利用等特点,可满足工程的需要。

另外，为保证该装置能与桩基一起即可提供支承力又能提供压沉力，配置钢支撑及砂筒起到支承作用，配置穿心千斤顶、钢锚箱起到压沉及纠偏作用。同时钢牛腿与沉箱混凝土墙身采用高强度螺栓连接，满足各工况受力要求。

**2. 支承、压沉系统的特点**

与以往常规手段相比，该系统的主要优点在于支承、压沉系统的核心装置构造原理简单，并且通过简单转换就能实现支承功能向压沉功能的转化。在施工过程中能自主控制沉箱下沉速度，适应防突沉、防下沉困难等工况，并且能对沉箱进行自主纠偏，精确调整控制沉箱下沉姿态。在下沉施工过程中，对周围土体扰动小，有利于近距离环境条件的施工。采用支承、压沉系统的下沉速度可自主加快、姿态易于控制，不走不必要的纠偏弯路，工期短；同时沉箱箱壁可做薄，不需考虑加大自重来克服下沉困难，具有一定经济效益。

该系统适应多种环境要求和各种地质条件下的气压沉箱工程和沉井工程。工程应用领域广泛，如桥梁基础沉井沉箱、建筑物地下室沉井沉箱、盾构顶管工作井沉井沉箱、堤坝基础沉井沉箱、隧道沉井沉箱等等。

**3. 工艺原理**

以钻孔灌注桩作为起到支承时抗压及压沉时抗拔作用的反力桩，支承系统采用砂筒（钢管内填砂）形式，压沉系统采用穿心千斤顶加钢探杆形式，支承及压沉系统承担或施加的外荷载通过架设在沉箱壁上的外挑钢牛腿传递给结构本身，从而以支承或压沉作用自主控制沉箱下沉。

支承作用下的沉箱下沉以控制砂筒泄砂口闸门进行放砂后支撑杆件的缓速下沉来实现，压沉作用下的沉箱下沉以控制千斤顶的行程逐段顶拉探杆来实现。在下沉过程中，可通过调节各处支撑点的下沉高度不同或千斤顶行程不同来形成纠偏力矩，达到精确控制沉箱下沉姿态的目的。

支承及压沉工况示意图如图 7-53 所示。

**4. 设计概要**

气压沉箱支承及压沉装置，主要由锚桩、支承砂筒、钢牛腿、钢锚箱、穿心千斤顶组成。

设计中主要部件的设计内容如下：

(1) 锚桩采用钻孔灌注桩。在前期作为承压桩，为沉箱制作过程中提供支承反力，防止结构自重压力太大以致地基失稳；后期下沉过程中作为抗拔桩，承受来自千斤顶的拉力，做沉箱的纠偏及稳妥下沉之用。锚桩需计算其桩基承载力及抗拔力，计算时荷载根据沉箱各阶段制作下沉所需的支承（压沉）力确定；根据各土层的侧（端）摩阻力并后注浆对桩承载力的影响，确定锚桩长度。

(2) 钢牛腿由横杆与斜杆两部分组成。横杆与沉箱结构顶端连接，斜杆与沉箱结构侧墙连接。结构之间的连接采用高强度螺栓连接，螺栓于沉箱制作时预埋在沉箱中，横杆与连杆相应位置处开孔，待结构达到设计强度后进行装配。计算中根据钢牛腿在支承和压沉过程中所受的荷载，进行构件截面的选择及验算，并相应作钢结构连接验算。

钢锚箱用于固定穿心千斤顶锚固段。由圆形钢套管内加钢板组成。钢板焊接形成井

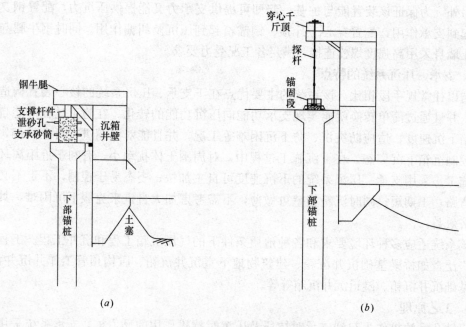

图 7-53 支承及压沉工况示意图
(a) 支承状态；(b) 压沉状态

字网格，中心空格大小应满足可使穿心千斤顶锚固端通过的要求。钢锚箱外部与锚桩预留主筋焊接。计算中根据压沉状态下穿心千斤顶的荷载进行钢锚箱与锚桩主筋的焊缝验算。

**5. 设计计算**

1) 锚桩

锚桩在前期作为承压桩，为沉箱前期制作过程中提供支承反力，防止前期结构自重压力太大以致地基失稳；后期下沉过程中作为抗拔桩，承受来自千斤顶的拉力，做沉箱的纠偏及稳妥下沉之用。锚桩的支承状态及压沉状态如图 7-54 所示。

(1) 单根锚桩抗拔承载力计算

参考上海市地基规范（DGJ 08-11—1999），单桩竖向抗拔承载力应符合下式：

$$N \leqslant R'_d \tag{7-4}$$

式中 $N$——作用于单桩的竖向上拔力设计值（kN）；

$R'_d$——单桩竖向抗拔承载力设计值（kN），宜通过现场竖向抗拔静载荷试验并按下式 (7-5) 进行计算。

$$R'_d = \frac{R_k}{\gamma_R} \tag{7-5}$$

式中 $R_k$——单桩竖向极限承载力的标准值（kN），按上海市地基规范（DGJ 08-11—1999）中 14.2.9 条的规定确定；

$\gamma_R$——单桩竖向承载力分项系数，取 $\gamma_R = 1.6$。

当没有进行桩的竖向抗拔静荷载试验时，单桩竖向抗拔承载力设计值可按下式估算：

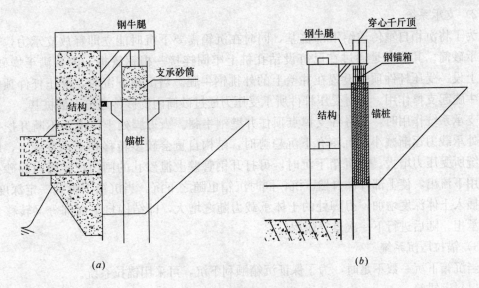

图 7-54 锚桩受力示意图
(a) 支承状态;(b) 压沉状态

$$R'_d = \frac{U_p}{\gamma_s}\Sigma\lambda_i f_{si} l_i + G_p \tag{7-6}$$

式中 $U_p$——桩截面周长（m）；

$\gamma_s$——桩的抗拔承载力分项系数，一般取 1.6；

$f_{si}$——桩周第 $i$ 层土的极限摩阻力标准值（kPa）；

$l_i$——桩周第 $i$ 层土的厚度（m）；

$\lambda_i$——桩周第 $i$ 层土的抗拔承载力系数，按土的类别，砂土取 0.50，黏性土、粉性土取 0.60；

$G_p$——单桩自重设计值，自重分项系数取 1.0，地下水位以下应扣除浮力，浮力分项系数取 1.2。

(2) 桩长确定

桩长确定分按常规和考虑实际因素两种方式确定。

① 常规确定

先假定桩长，然后按规范公式（7-4）进行试算，当单桩抗拔承载力计算值大于设计值时，可确定桩长。

② 考虑实际因素的确定

实际因素包括：

A. 由于锚桩装置是做沉箱下沉过程中的辅助措施，相比结构桩基础来说，可以算是临时性构筑物，因此结合通常经验，分项系数 $\gamma_s$ 可适当降低要求。

B. 由于锚桩位于下沉中的沉箱周边，在沉箱下沉时对周边土体有一定程度的扰动，考虑这种不利影响，可将下沉深度范围的土层 $f_{si}$ 取值降低幅值。

桩长的计算方法同常规计算方法，不同之处在于按考虑临时结构、土体扰动及桩侧桩底后注浆等实际情况，对参数进行折减与增加。

2) 支承系统

为了将沉箱自重传递给下部桩基,同时在沉箱需要下沉时能立即释放支承力,可采用支承砂筒。其原理是通过在已打设钻孔桩上牢固连接一根钢管桩,内装满干燥砂土,砂土上设一受压杆件顶住设置在井壁上的外挑钢牛腿。当沉箱下沉时,受压杆件顶住外挑钢牛腿起支撑作用。同时受压杆件所承受压力通过砂筒内的砂传递给下部桩基。

支承系统作用时,先将各支撑点顶住井壁钢牛腿。当刃脚处土体由于不断开挖导致刃脚处承载力逐渐减小,沉箱有下沉趋势时,结构自重会较多转移到支承系统上,即支承系统所受压力增大。当沉箱下沉时,可打开钢管壁上泄砂孔的闸门,砂筒内的砂在压力作用下流出,使上部杆件自然下沉,同时沉箱也随之下沉。当沉箱下沉到一定深度后,刃脚插入土体深度增加,刃脚处的土体承载力随之增大,即结构自重大部分又转移到刃脚处承担。随后进行下一次重复流程。

3) 锚拉压沉系统

当沉箱下沉系数不足时,为了保证沉箱顺利下沉,可采用锚拉系统。

(1) 钢锚箱

钢锚箱用于固定穿心千斤顶锚固段,如图 7-55 所示。由圆形钢套管内加钢板组成。钢锚箱外部与锚桩预留主筋焊接。钢锚箱需要对强度及焊缝进行验算。

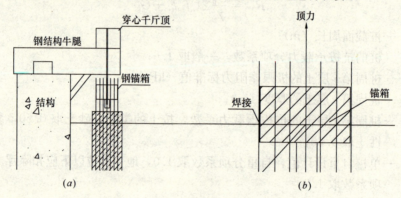

图 7-55 锚箱作用原理

(2) 穿心千斤顶

穿心千斤顶位于三角钢架上,钢绞线与锚固端穿越横杆与锚箱,固定于锚箱底。如图 7-55 所示。穿心千斤顶的型号,根据顶力大小计算确定。

(3) 钢牛腿

钢牛腿是沉箱与支承、锚拉系统之间的传力杆件,可分为横杆与斜杆两部分。横杆与沉箱结构顶端连接,斜杆与沉箱结构侧墙连接;连杆采用箱型截面的形式,连接方式采用螺栓连接。螺栓于沉箱制作时预埋在沉箱中,横杆与连杆相应位置处开孔,待结构达到设计强度后进行装配。横杆与连杆的连接方式同样采用螺栓连接。横杆、连杆、螺栓型号及数目都需经过计算确定。以螺栓确定为例:

①单个剪力螺栓的承载力计算如下式:

受剪承载力:
$$N_v^b = n_v \frac{\pi d^2}{4} f_v^b \tag{7-7}$$

受压承载力:
$$N_c^b = d\Sigma t f_c^b \tag{7-8}$$

剪力螺栓的承载力:
$$[N]_v^b = \min[N_c^b, N_c^b] \tag{7-9}$$

②单个拉力螺栓的承载力计算如下式:
$$N_t^b = \frac{\pi d_e^2}{4} f_t^b \tag{7-10}$$

③剪力螺栓群数目计算如下式:
$$n = \frac{N}{\eta[N]_v^b} \tag{7-11}$$

④拉力螺栓群数目计算如下式:
$$n = \frac{N}{N_t^b} \tag{7-12}$$

⑤在计算剪拉螺栓群时,螺栓在拉力和剪力作用下应符合下式:
$$\sqrt{\left(\frac{N_v}{N_v^b}\right)^2 + \left(\frac{N_t}{N_t^b}\right)^2} \leqslant 1 \tag{7-13}$$

且
$$\frac{N_v}{N_c^b} = \frac{V}{nN_c^b} \leqslant 1 \tag{7-14}$$

⑥由于螺栓孔削弱了构建的截面,应对构件净截面验算强度,公式如下:
$$\sigma = \frac{N}{A_0} \leqslant f_d \tag{7-15}$$

式中　　$n_v$——受剪面数目;

　　　　$d$——螺栓直径;

　　　　$d_e$——螺栓有效直径;

　　　　$\Sigma t$——在不同受力方向中一个受力方向承压构件总厚度的较小值;

$f_v^b, f_c^b, f_t^b$——螺栓的抗剪、承压和抗拉强度设计值;

$N_v^b, N_c^b, N_t^b$——一个螺栓的抗剪、承压和抗拉强度设计值;

　　　　$N_v, N_t$——某个螺栓承受的剪力和拉力;

　　　　$A_0$——构件净截面;

　　　　$\eta$——折减系数,折减系数见表7-14。

折减系数表　表7-14

| 折剪系数 $\eta$ 计算 | |
| --- | --- |
| $L_1/d_0 \leqslant 15$ | 1.0 |
| $15 < L_1/d_0 \leqslant 60$ | 0.92 |
| $L_1/d_0 \geqslant 60$ | 0.7 |

⑦拉力螺栓群校核

将力移至螺栓的形心,在弯矩和剪力共同作用下螺栓群的最大和最小轴力为:

$$N_{\min} = \frac{N}{n} - \frac{My_1}{\Sigma y_i^2}$$
$$N_{\max} = \frac{N}{n} + \frac{My_1}{\Sigma y_i^2} \tag{7-16}$$

式中　$n$——螺栓数目;

　　　$y_i$——螺栓到形心的距离;

　　　$y_1$——$y_i$中最大值。

若使用普通螺栓 Q235 级钢(8.8A 级)连接,其设计参数见表7-15。

## 螺栓设计参数表　　　　表 7-15

| 普通 A 级螺栓 | | | |
|---|---|---|---|
| 单位：N/mm² | 抗拉 $f_t^b$ | 抗剪 $f_v^b$ | 承压 $f_c^b$ |
| 8.8 级 | 400 | 320 | 405 |

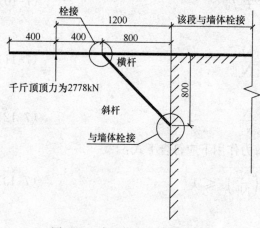

图 7-56　支承状态计算模型简化

钢牛腿架的设计计算分两种工况：工况一：钢架起到支撑沉箱结构的作用；工况二：钢架起到纠偏和稳妥下沉作用。

**A. 计算工况一：钢架起到支撑沉箱结构的作用**

a. 模型简化

支承状态受力模型如图 7-56 所示。

b. 内力计算

通过计算，可得牛腿的弯矩、轴力和剪力图如图 7-57 所示（轴力以拉力为正，反之为负；剪力以绕隔离体顺时针转动为正，反之为负；弯矩以使下部纤维受拉为正，反之为负）：

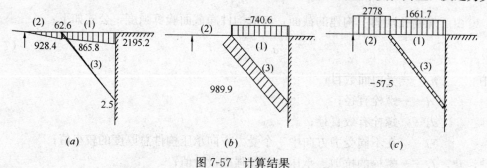

图 7-57　计算结果
(a) 弯矩图 (kN·m)；(b) 轴力图 (kN)；(c) 剪力图 (kN)

c. 强度校核

对钢牛腿的横杆、斜杆截面强度进行验算，并确定螺栓规格数量。计算模型与计算结果如图 7-58～图 7-60 所示，螺栓平面布置及螺栓与结构连结如图 7-61 所示。

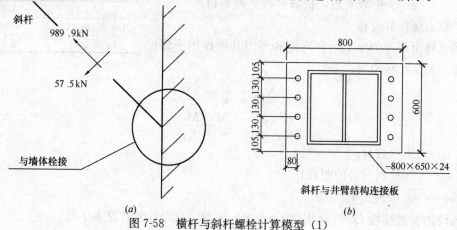

图 7-58　横杆与斜杆螺栓计算模型 (1)

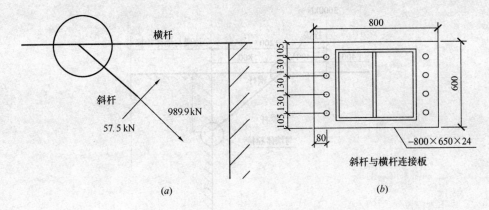

图 7-59　斜杆与横杆螺栓计算模型（2）

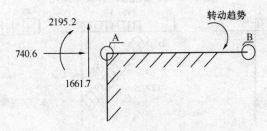

图 7-60　横杆与结构螺栓受力分析示意图

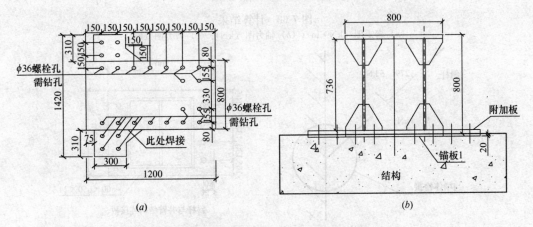

图 7-61　螺栓平面布置图及螺栓与结构连接示意图

经验算，选取的杆件与螺栓构件满足强度安全性要求。

**B. 计算工况二：钢架起到纠偏和稳妥下沉作用**

a. 模型简化

压沉状态受力模型如图 7-62 所示。

b. 内力计算结果

通过程序计算，可得牛腿的弯矩、轴力和剪力图如图 7-63 所示。

c. 强度校核

对钢牛腿的横杆、斜杆截面强度进行验算，并确定螺栓规格数量，如图 7-64～图 7-66 所示。

# 第七章 工程实例

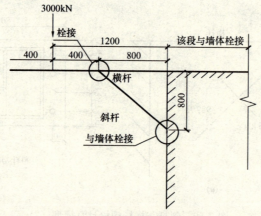

图 7-62 压沉状态计算模型简化

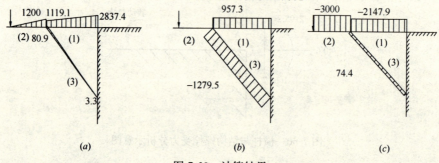

(a) (b) (c)

图 7-63 计算结果
(a) 弯矩图 (kN·m); (b) 轴力图 (kN); (c) 剪力图 (kN)

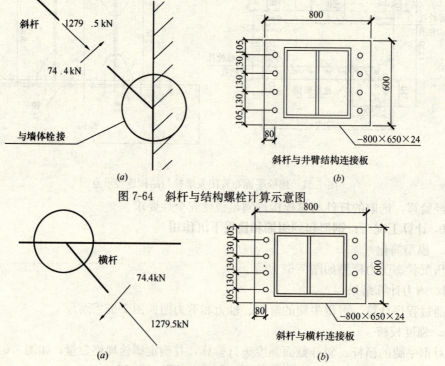

图 7-64 斜杆与结构螺栓计算示意图

图 7-65 斜杆与横杆螺栓计算示意图

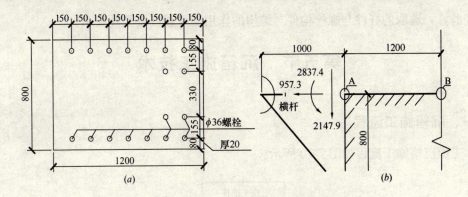

图 7-66 螺栓平面布置图及横杆螺栓群受力分析图
(a) 螺栓平面布置图;(b) 横杆螺栓群受力分析图

经验算,选取的杆件与螺栓构件满足强度安全性要求。

d. 装置作用下沉箱结构混凝土强度校核

在装置使用过程中会对结构产生影响,因此对结构进行校核。计算时假设装置与结构接触面受到的拉力全部由钢筋和螺栓之间承受,不考虑混凝土受拉。以压沉工况为例,在该工况下斜杆和横杆对结构有压力,如图 7-67~图 7-69 所示。

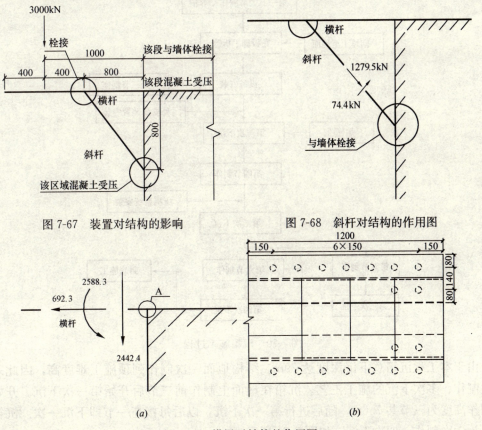

图 7-67 装置对结构的影响  图 7-68 斜杆对结构的作用图

图 7-69 横梁对结构的作用图
(a) 受力分析图;(b) 螺栓布置图

经验算，选取的杆件与螺栓构件对结构的作用满足强度安全性要求。

## 第五节 沉箱施工技术

### 一、沉箱施工流程

本工程沉箱施工流程如图 7-70 所示。

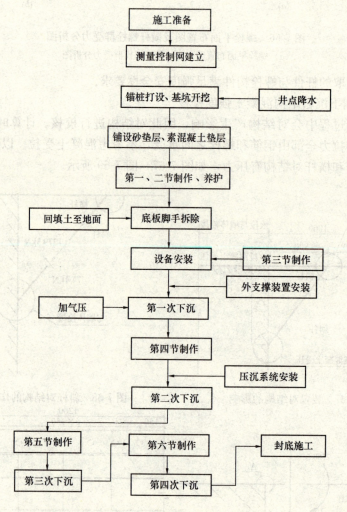

图 7-70 沉箱施工过程

由于本工程沉箱总下沉深度达 29m。结构地面一次制作到顶施工难度高，因此采取多次制作、多次下沉的施工工艺。沉箱在地面上制作前三节后开始第一次下沉。开始地面制作高度为三节共 7.6m，随后进行第一次下沉，以后每接高一节即下沉一次。沉箱总共分为六次制作，四次下沉，如图 7-71 所示。

每节制作高度如表 7-16 所示。

沉箱制作高度  表7-16

| 节次 | 结构 | 制作高度（m） | 备注 |
|---|---|---|---|
| 一 | 刃脚 | 2.5 | 前三节地面制作后开始进行一次下沉 |
| 二 | 底板 | 1.6 | |
| 三 | 井壁 | 3.5 | |
| 四 | 井壁及内隔墙 | 4.2 | 接高一次下沉一次 |
| 五 | 井壁及内隔墙 | 8.8 | |
| 六 | 井壁 | 8.4 | |

## 二、沉箱结构制作技术

### 1. 结构分节制作

由于气压沉箱的特点，沉箱地面制作时底板与井壁同时浇筑。由于底板厚度达1.6m，自重大，为确保沉箱地面制作时地基稳定，因此对底板以上第三节制作高度进行了限制。沉箱前三节制作高度分别为：刃脚：2.5m，底板：1.6m，第三节：3.5m。

根据现场制作情况，前三节结构制作完毕后结构整体有沉降，但沉降较均匀，不对下沉施工构成影响，说明结构制作施工合理地利用了砂垫层的极限承载力。

根据沉箱施工的特点，沉箱下沉后期由于气压反力的影响，下沉系数较小，此时结构接高高度可适当提高，仍可满足接高稳定条件。因此沉箱4～6节接高高度依次为4.2m，8.8m，8.4m。根据每节接高情况，每次接高后沉箱均只有1～2cm的微小沉降，说明结构接高时处于整体稳定状态。

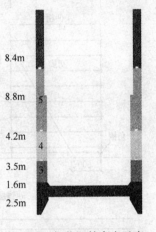

图7-71 每节沉箱高度示意

### 2. 基坑开挖

在类似上海地区的软弱土层上进行沉井、沉箱结构制作时，一般需采用填砂置换法改善下部地基承载力，随后沉箱结构在地面制作。本工程经过对现场地质条件的研究，决定基坑开挖约4.6m深，随后铺设1.4m砂垫层。沉箱较地面落低约3m开始结构制作。其主要原因如下：

（1）经研究地质资料，发现现场表层约4～5m深度均为杂填土，土质不均匀，夹杂较多建筑垃圾。如沉箱在该层土上进行结构制作，可能在结构过程中出现较大不均匀沉降，对结构不利。且因该层土空隙比大，不密实。在沉箱加气压下沉时气体在该层土中会有大量逸出。不能起到闭气作用。

（2）该层土之下即为土质较好的②$_3$层。因此决定将表层杂填土完全清除，使结构基础座落在土质较好的②$_3$层上，同时砂垫层厚度经过验算，可满足承载力要求。

（3）基坑挖深后，沉箱结构在基坑内制作。在完成刃脚、底板制作后，在结构外围可回填黏性土，这时沉箱刃脚部位已入土约3m深。因沉箱在底板制作后一般需进行工作室内设备安装，施工时间较长，如沉箱此时发生较大沉降，影响后序工序施工的话，可及时向工作室内充入一定气压，利用气压的反托力使沉箱稳定。

（4）如沉箱在闹市区施工，则开挖浅基坑施工方式更为有利。可采取周边先设置浅围护的方式，随后围护内进行基坑开挖，结构制作，可保证沉箱在开始下沉时即为气压状态下下沉，有利于沉箱初期下沉的稳定。同时浅围护的存在可隔断土体沉降向周边发展的趋势。

### 3. 结构施工

沉箱为现浇混凝土结构，混凝土结构施工工艺与一般沉井施工工艺类似，但在沉箱工程中仍有其特殊性。

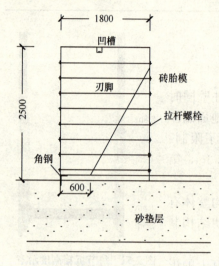

图 7-72 刃脚砖胎模制作

### 三、刃脚制作

刃脚高度也即工作室高度，以往的气压沉箱施工中常取 1.8～2.5m 之间。由于本工程采用自动挖掘机挖土，经现场试验，其最有效挖掘高度在 2.5m 左右。同时结合软土地区沉井施工经验，适当提高插入比可有效防止开挖面出现土体隆起现象。因此最终本工程刃脚高度确定为 2.5m 高。

本工程刃脚形式采用了窄踏面，长斜面的形式。刃脚形式是结合本工程地质情况并结合类似工程经验确定。考虑到沉箱穿越土层上软下硬，因此踏面宽度控制在 600mm，以保证刃脚容易插入较硬土层。刃脚斜面较长是保证沉箱穿越不同土层时可较自由调节土塞高度，便于控制沉箱下沉速度，同时较厚实的土塞也有利于防止高压空气外逸。刃脚顶部较厚（1800mm），也满足了此处受弯矩较大的结构刚度需求。刃脚制作内侧制模进行了比较，最后决定采用安全性较高的砖胎模形式（见图 7-72）。

### 四、底板制作

底板制作分刃脚和底板两次浇筑。底板浇筑时下部满堂脚手支撑，拆除较方便。刃脚与底板之间的施工缝采用较成熟的钢板止水条处理（见图 7-73）。

考虑到底板为现浇结构，厚度达 1.6m，对底板下支撑排架进行了详细验算。并采取了脚手架下铺设槽钢，底板下素混凝土垫层满堂铺设等手段确保脚手体系的稳定（见图 7-74）。满堂脚手支撑施工，立杆采用 $\phi 48$ 钢管，0.45m× 0.45m 间距，步距 1.1m。

底板施工时的另一个重要工序即是预埋件及管路的放置。由于本工程采取

图 7-73 底板脚手架

无人化气压沉箱遥控施工工艺，大部分施工设备均在底板上下布置（见图7-75）。因此在底板制作时埋件需预先放置到位，并定位准确。

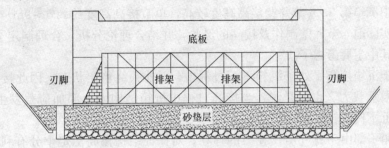

图 7-74　满堂支架示意

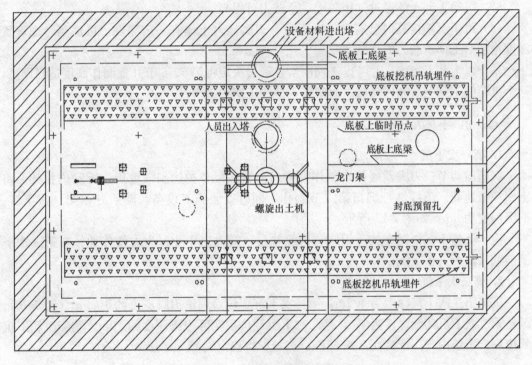

图 7-75　预埋件及管路设置

## 五、脚手架搭设

理论上沉箱施工对周边土体扰动情况较小，但考虑到本工程属于新型工艺，施工对周边土体的影响程度无法作出精确预估。因此为安全计，本工程采取了在外井壁上设置外挑牛腿的方式，解决了外脚手搭设问题。从而可使结构施工与沉箱下沉交叉进行，提高施工效率。施工现场脚手架搭设如图7-76所示。

图 7-76　外井壁外挑牛腿

## 六、井壁接高

本工程中沉箱第 5、6 节井壁接高高度较高，单节接高高度约 8.5~9m。实际施工时主要结合了实际前 4 节井壁制作及接高的经验，并结合理论分析，合理制定了第 5、6 节接高方案。其中主要考虑了：

（1）由于沉箱接高是处于沉箱下沉过程中，并非最终稳定状态，因此接高时应充分利用地基极限承载力。也就是说：当接高过程中沉箱结构因上部加荷载发生少量沉降，对下一次下沉不构成较大影响；

（2）沉箱下部由于有气压反托力的存在，对保证结构接高稳定十分有利；同时工作室内气压可在一定限度内适当提高，进一步有助于结构接高稳定；

（3）沉箱下部土体经过气压疏干，承载力可提高；

（4）由于沉箱接高时已有上一次下沉，刃脚插入土体有一定深度，可适当考虑埋置深度增加对土体承载力的贡献。

基于以上几点考虑，并考虑工期因素，最后决定将第 5、6 节井壁制作高度适当调高，整个沉箱施工从七次制作减为六次制作，节约工期约 1 个月。

## 七、沉箱下沉

### 1. 第一次下沉

沉箱前两节（刃脚及底板）制作完毕后，在底板养护达到强度后，拆除内排架，将土回填至地面。随后进行沉箱第三节制作，同时安装施工设备。随后开始第一次下沉。下沉深度约 3m，如图 7-77 所示。

由于沉箱下沉初期需掏除刃脚，拆除垫层，需人工作业。为方便作业，在第一次下沉前期采取无气压下沉。

### 2. 第二次下沉

沉箱第二次下沉深度为 4.2m，第二次下沉到位后理论刃脚深度约 10.2m（图 7-78）。沉箱第二次下沉实际深度为 4m，第二次下沉到位后实际刃脚深度约 10m。实际沉箱下沉到位后，沉箱内气压维持在 0.08MPa，沉箱保持稳定。

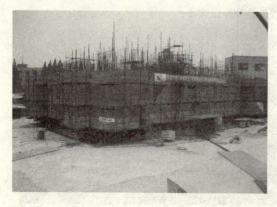

图 7-77　第一节下沉示意

图 7-78　第二节下沉示意

### 3. 第三次下沉

沉箱第三次下沉理论深度为 8.7m，下沉到位后理论刃脚深度为 18.9m。刃脚位于④层灰色淤泥质黏土，该层 $f_{ak}$ 值为 55kPa。实际第三次下沉过程中，下沉系数明显减小，沉箱启用压沉系统，外围泥浆减阻等措施进行助沉。第三次下沉到位后，沉箱实际下沉深度为 18m，工作室内实际气压维持在 0.15MPa。

### 4. 第四次下沉阶段

沉箱第四次下沉为最后一次下沉，由于下沉深度的增加，工作室内气压逐渐增大，导致沉箱下沉困难。因此第四次下沉除采用压沉系统助沉外，还需考虑采用泥浆减阻，灌水压重等辅助压沉措施。

实际第四次下沉过程中（见图 7-79），由于沉箱下沉深度增加，地基反力及气压反力增加明显。沉箱下沉较困难。同时由于沉箱最后在⑤$_2$ 层灰色砂质粉土中穿越，气压疏干砂层后，土体承载力提高较明显，进一步导致沉箱下沉困难。施工中采取了多种综合措施，如压沉系统，灌水压重，泥浆减阻等手段来进行沉箱助沉，并采用刃脚处适当开挖土塞等多种手段，最终将沉箱下沉到位。由于⑤$_2$ 层为微承压水层，为使开挖面保持较干燥，便于挖土施工，最后终沉时气压维持在 0.25～0.26MPa。

图 7-79  第四节下沉示意

## 八、支承及压沉系统

本工程通过使用支承及压沉系统，采用在外井壁设置外挑钢牛腿，作为支撑点。外挑钢牛腿分别在沉箱四角对称设置，共设置 8 只。钢牛腿与结构通过预埋螺栓连接（见图 7-80）。

图 7-80  现场支承及压沉系统

钢牛腿以下为支承装置，采用砂筒支撑形式。结构形式为一根 $\phi$609 钢管桩，内装满干燥砂土，砂筒下端固定在下部支撑桩上，上端设一受压杆件顶住设置在井壁上外挑钢牛腿。受压杆件可在砂筒内上下活动。

支撑系统下部支承桩采用 $\phi$900 钻孔灌注桩。由于在支承系统及以后压沉系统中均使用其作为支撑或锚固点，因此其在支撑系统中为承压桩，在压沉系统中为抗拔桩。根据工艺特点，桩设计长约 51m，并采取了桩底及桩侧后注浆工艺保证其承载力。

压沉系统结合支撑系统形式，利用原支撑系统的 8 个钢支撑牛腿。在牛腿上部设置一穿心千斤顶，千斤顶上端设一锚固点，并通过抗拉探杆与下部桩基连接。（此时钻孔桩由支撑桩转化为抗拔桩形式）。

当需要压沉时，千斤顶油缸向上伸出，通过牛腿对沉箱产生一个向下的压力，促使沉箱下沉。千斤顶顶力控制在300t/只。压沉系统仍在沉箱四角分别设置，共8只。

探杆直径为 $\phi 140$，材质为45钢，为外螺纹形式。探杆可加工成4m或2m等不同长度，并根据施工需要接长。探杆上、下端分别锚固在千斤顶和桩基上。

### 九、其余助沉措施

考虑到压沉系统受结构刚度限制，只能在一定限度内提供压沉力。但本工程由于沉箱下沉深度深，在下沉后期气压反托力十分显著，仅依靠压沉系统不能提供足够的压沉力，因此还要设置辅助助沉系统保证沉箱下沉。

#### 1. 触变泥浆减阻

大量施工经验证明，当沉井或沉箱外围设置泥浆套后，可显著减小侧壁摩阻力。本工程沉箱下沉后期，由于沉箱下沉深度深，沉箱侧壁摩阻力是造成沉箱下沉困难的一个重要因素。因此，有必要采取泥浆套作为沉箱助沉的一个重要手段。触变泥浆减阻如图 7-81 所示。

同时沉箱外围泥浆套的存在，可填充沉箱外壁与周边土体之间的可能空隙，阻止气体沿此通道外泻，尤其在沉箱入土深度不深的情况下，由于沉箱下沉姿态不断变化，外井壁与周边土体之间可能不断出现地下水来不及补充的空隙，因此有必要采取泥浆套形式作为沉箱外壁的封闭挡气手段。

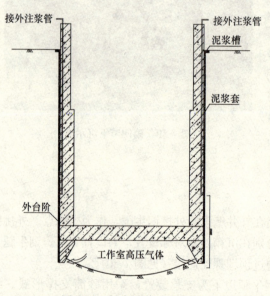

图 7-81 触变泥浆减阻示意

由于本工程前两次下沉过程中沉箱下沉系数相对较大，因此不需进行侧壁减阻。在沉箱前三节制作完成，基坑外围回填土以后，采取地面修筑泥浆槽的办法。即沿外井壁在地面修筑一条泥浆槽，槽宽30cm，深20cm。槽内灌满膨润土泥浆，起密封挡气作用。在沉箱下沉过程中，应注意不断向槽内补浆，维持浆面高度。

在沉箱第3次下沉时开始在井壁外围设置泥浆管路。泥浆管路沿沉箱一周布置，平面间距每8m一个注浆孔，整个沉箱上下共布置3道。随着沉箱的下沉，通过注浆管向外压注膨润土泥浆，在井壁外形成完整的泥浆套。

泥浆的材料主要采用钠基膨润土、纯碱、CMC，物理性能指标：比重 $1.05 \sim 1.08 g/cm^3$，黏度 $30 \sim 40s$，泥皮厚 $3 \sim 5mm$。实际施工中可根据工作室内气压的大小，适当加大泥浆比重。

润滑泥浆在沉箱到达底标高后，为避免触变泥浆失水引起周边土体的位移，应向井壁外压注水泥浆以置换泥浆套。

## 2. 灌水压沉

当沉箱下沉系数较小，下沉较困难时，除采取上述措施进行压沉，还可采取底板上灌水压重的方式进行助沉。

本工程在底板上通过接高内隔墙的方式在底板两侧形成了4个混凝土隔舱，需要时可通过向舱内灌水进行压重。采用水作为压重材料的主要原因，一是现场紧邻黄浦江，取水方便；同时考虑一定高度的压重水对底板上的预留孔处可起到平衡上下压力差，减小预留孔处漏气的可能。

但灌水压重存在一定的缺点，当沉箱姿态发生较大变化时，底板上压舱水向低处流动的趋势会加重沉箱的偏斜。

由于隔舱高度有限，如灌水至最高点仍不能满足压重需要时，可采取另外的压重材料，如砂土等。灌水压沉示意如图7-82所示。

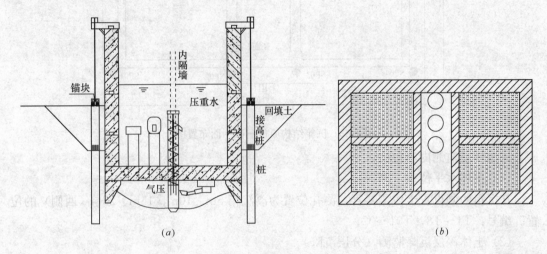

图 7-82　灌水压沉示意

## 第六节　施工监测及监测结果分析

### 一、监测内容及测点布置

沉箱在制作及下沉过程中，对结构内力及周边环境进行监测，其中结构内力监测内容包括：

（1）刃脚土压力

在刃脚共布设10个土压力盒，编号SP01~SP10。

（2）侧壁土压力

在沉箱长边跨中和短边跨中共布设14个土压力盒，编号CP11~CP17，CP21~CP27。

（3）竖向钢筋应力

在沉箱长边跨中和短边跨中共布设24个竖向钢筋应力计，编号VS11~VS16，VS21~VS26，NS11~NS16，NS21~NS26。

(4) 水平向钢筋应力

在沉箱长边跨中和短边跨中共布设 20 个水平向钢筋应力计，编号 HS11～HS15，HS21～HS25，MS11～MS15，MS21～MS25。

刃脚土压力及侧向土压力、钢筋应力监测点的平面布置如图 7-83 所示。

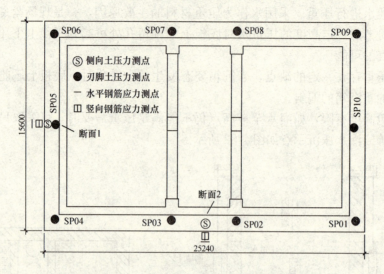

图 7-83　沉箱结构原位测试平面布置图

周边环境监测内容包括：

(1) 土体水平位移（测斜）

在沉箱两侧设置土体测斜管，测孔位置为离沉箱 5m、10m、15m、20m（西侧）的位置。编号：T1～T8，T01～02。

(2) 土体深层沉降监测（分层沉降）

在沉箱两侧设置土体分层沉降测量孔，测孔位置为离沉箱 5m、10m 的位置（测斜孔附近）。编号：C1～C4，C01～C02。

(3) 地下水位监测

在沉箱和基坑围护外设置 3 个地下水位监测孔。编号：SW1～SW3。

(4) 孔隙水压力

在沉箱两侧设置孔隙水压力测量点，测孔位置为离沉箱 5m、10m 的位置（测斜孔附近）。编号：SY1～SY4，SY01～02。

(5) 沉降测量

在沉箱四周各设置 1 个沉降监测（与沉箱相垂直的）断面，编号：D1-$i$～D8-$i$（$i=1, 2, \cdots, 8$）。

周边环境测点布置如图 7-84 所示。

## 二、监测结果分析

根据初步施工安排，沉箱采用分节制作多次下沉，各次下沉深度分别为：第一次下沉至 6.0m 深、第二次下沉至 10.2m 深、第三次下沉至 18.0m 深、第四次下沉至 29.0m 深。施工单位于2006年12月进场,2007年1月19日开始铺设素混凝土垫层,进行测试传感器的安装埋设并开始现场监测,整理监测数据时,根据实际的施工过程,将原施工过程按分层施工大致分成如表7-17所示的4个主要工况。现场施工照片如图7-85~图7-90所示。

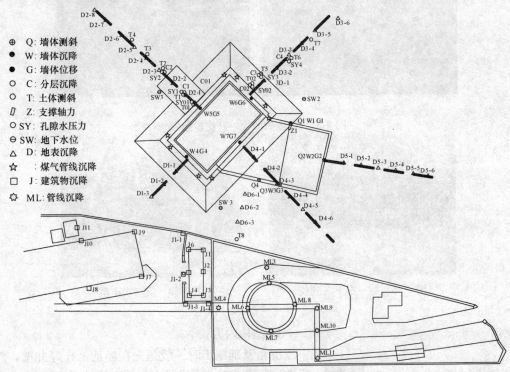

图7-84 环境监测平面布置图

施工工况　　　　　　　　　　　　　　　表7-17

| 工况 | 开始时间 | 结束时间 | 工况描述 |
| --- | --- | --- | --- |
| 工况一 | 2007年5月1日 | 2007年6月14日 | 第一次下沉至6.0m及浇注第四节混凝土 |
| 工况二 | 2007年6月15日 | 2007年7月14日 | 第二次下沉至10.2m及浇注第五节混凝土 |
| 工况三 | 2007年7月15日 | 2007年8月21日 | 第三次下沉至18.0m及浇注第六节混凝土 |
| 工况四 | 2007年8月22日 | 2007年10月16日 | 第四次下沉至29.0m |

图7-85 第一、二节制作完毕,第三节开始制作

图7-86 第一次下沉前

图 7-87 凿除砖胎模、开挖砂垫层

图 7-88 第一次下沉到位　　　　　图 7-89 第二次下沉

图 7-90 第四次下沉到位

**1. 结构内力**

沉箱基础施工时一般是先在场地制作好井壁，然后在底板下面的工作室内挖土，利用气压平衡水土压力，依靠其自身重量，克服外井壁与土的摩阻力、刃脚土反力等下沉，通过逐节接高达到预定深度后封底形成沉箱基础。其关键技术是确保沉箱平衡下沉，而下沉过程中结构内力、井壁与土的摩阻力是沉箱能否顺利下沉的控制因素。

1) 刃脚土压力

一共设置了 10 个刃脚土压力测点，其中 SP04 在刃脚混凝土浇注过程中破坏，因此没有监测数据，SP09 在第二次下沉过程中破坏，SP07、SP10 在第五次浇注混凝土过程中破坏，其余土压力盒均正常工作。

图 7-91 给出 SP01、SP03、SP05、SP06、SP07 测点刃脚土压力实测值，从图中可见，刃脚拐角位置 SP01、SP06 点土压力最大，其次是短边中间测点 SP05，长边中间点 SP03、SP07 的刃脚土压力最小，反映了沉箱结构刃脚土压力具有明显的空间效应。刃脚角点位置土反力最大，中间位置的土反力相对较小。刃脚拐角位置 SP01、SP06 点土压力在下沉初期就达到 230kPa，原因是在沉箱四个角位置打入八根锚桩作为沉箱的支撑及压沉系统，锚桩将周围土体挤密，在下沉初期主要是拐角处刃脚土反力支撑上部荷载。

SP03 测点在下沉初期刃脚土压力为 $-11$kPa，到下沉结束后土压力增加到 183kPa，土压力随下沉深度及下沉时间的增长迅速增加。产生土压力出现负值的主要原因是混凝

第六节 施工监测及监测结果分析

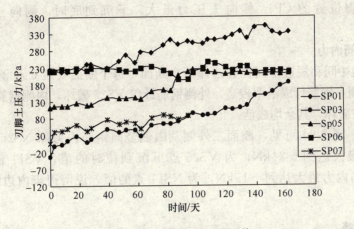

图 7-91 刃脚土压力实测值

土的收缩及温度应力对土压力盒的影响，使得土压力盒的受力面与垫层产生脱开趋势甚至出现吸力，随着上部结构的制作，混凝土收缩对土压力盒的吸力逐渐减小，在结构自重的作用下该处的刃脚土压力逐渐发挥出来。

刃脚土压力最大值：352kPa，在 SP01 测点位置。图 7-91 真实地反应了刃脚土压力在整个施工过程中的变化情况。

2）侧壁土压力

在沉箱长边中间和短边中间位置埋设土压力盒，测试下沉过程中沉箱外井壁侧向土压力的变化情况。土压力盒共埋设 14 个，断面一土压力盒成活率很高，仅 CP13 在第三次下沉期间破坏。

断面一位于沉箱短边中间位置，从图 7-92 可见，在第一次下沉期间，CP11、CP12、CP13 测点的侧向土压力变化很小；第二次下沉期间 CP13、CP14 测点侧向土压力随下沉深度的增加而增加；在第三次、第四次下沉期间，各点侧向土压力都随下沉深度的增加而增大。

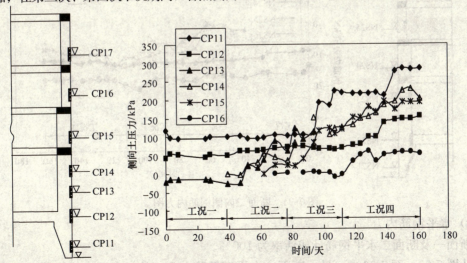

图 7-92 断面一侧向土压力测试结果

埋设在刃脚位置的 CP11 侧向土压力最大,下沉到底时,侧向土压力最大值为 284kPa。

3) 竖向钢筋内力

在沉箱长边中间和短边中间位置选择两个断面,每个断面安装 6 对竖向钢筋计,共 24 个。断面二测点钢筋计成活率较高,外侧钢筋计仅 VS26 破坏,内侧钢筋计 NS23 在第三次下沉期间被破坏,其余均成活。

从图 7-93～图 7-94 可见,断面二外侧及内侧竖向钢筋内力除 NS26 点外都受压。外侧钢筋内力最大达到 $-24$kN,为 VS25 点下沉到位时的值,VS11 钢筋内力为 $-6$kN;内侧钢筋内力最大达到 $-19$kN,为 NS11 点的值,说明刃脚内边缘受力比刃脚外边缘要大。

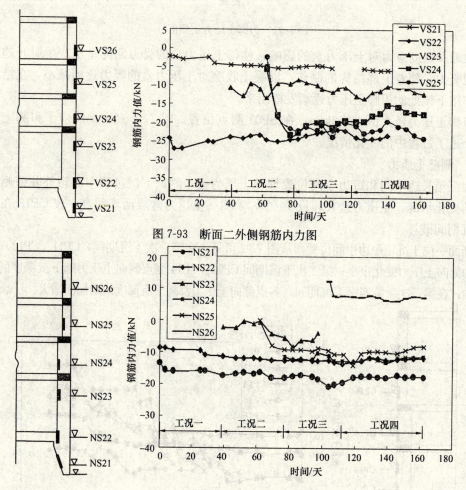

图 7-93 断面二外侧钢筋内力图

图 7-94 断面二内侧钢筋内力图

4) 水平钢筋内力

断面一及断面二水平钢筋计成活率为 100%。

从图 7-95～图 7-96 中可见,断面一水平钢筋除 MS14 外,水平钢筋均受压。外侧钢筋内力最大达到 $-19$kN,为 HS14 点,点 HS11 钢筋内力最大达到 $-11$kN;内侧钢筋内力最大达到−15kN，为MS13点的值，点MS11钢筋内力最大达到−7kN。

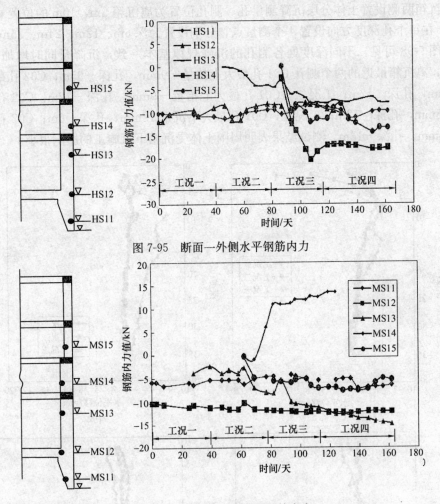

图7-95　断面一外侧水平钢筋内力

图7-96　断面一内侧水平钢筋内力

**2. 环境监测结果与分析**

1）土体侧斜

土体测斜孔一共设置了8个，在沉箱北侧设置3孔（T5，T6，T7），离沉箱5.5m、10.5m、15.5m，在沉箱西侧设置4孔（T1，T2，T3，T4），测孔位置为离沉箱5m、10m、15m、20m。在风井与煤气井之间设置一个测斜管（T8）。8个测斜孔全部正常工作。

图7-97给出了8个测斜孔在不同工况下的变形曲线。工况一，沉箱西侧土体变形很小，T1孔最大侧移−3.8mm，深度−7m，离沉箱距离越远，土体侧向变形越小。沉箱北侧土体变形很小，T5孔最大侧移1.7mm，深度−3m；工况二，沉箱西侧土体T1孔最大侧移6.9mm，深度−2m，沉箱北侧T5孔最大侧移−7.0mm，深度−9m；工况三，沉箱西侧T1孔最大侧移12.5mm，深度−2m，沉箱北侧T5孔最大侧移−5.1mm，深度−9m。从图中可见，离沉箱越远，土体侧移越小。

## 2) 分层沉降

在沉箱两侧设置土体分层沉降测量孔，测孔位置为离沉箱 5m，10m 的位置（测斜孔附近）。在每个孔深度方向设置 4 个测量点，分别设置为深 6m、12m、24m、35m 位置。

从图 7-98 可见，不同深度处各测孔的沉降规律基本一致，沉降量同时增加或减小。工况一，离沉箱最近的两个测孔 C01 孔最大上抬量-9mm，孔深-35m；C02 孔最大上抬量-6mm，孔深-12m；工况二，C01 孔最大上抬量-9mm，孔深-12m；C02 孔最大上抬量-5mm，孔深-12m；工况三，C01 孔最大下沉量 12mm，孔深-6m；C02 孔最大下沉量 14mm，孔深-12m。测试结果表明周围土体受沉箱下沉施工的影响很小。

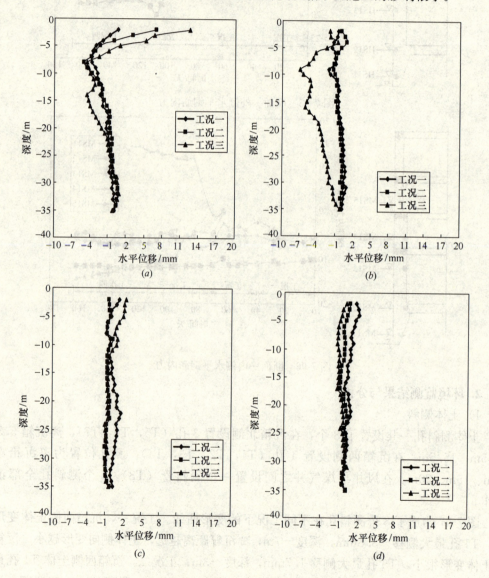

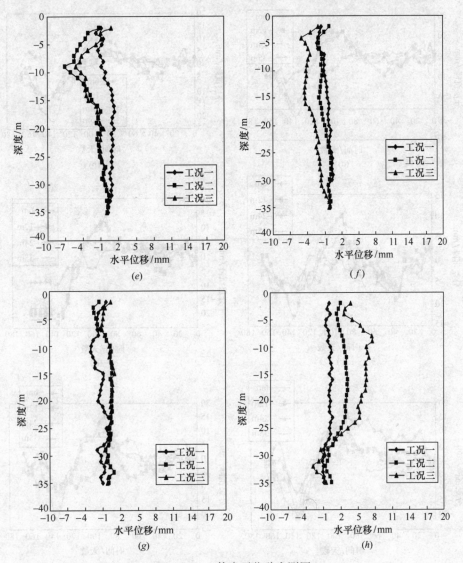

图 7-97 土体水平位移实测图
(a) T1 测孔；(b) T2 测孔；(c) T3 测孔；(d) T4 测孔；
(e) T5 测孔；(f) T6 测孔；(g) T7 测孔；(h) T8 测孔

3) 地表沉降

(1) 沉箱南侧地表沉降

在沉箱南侧有 4 个地表沉降观测点 D1-1～D1-4。从图 7-99 表明地表沉降变化不大，最大沉降量为 −6.8mm。

(2) 沉箱西侧地表沉降

在沉箱西侧有 8 个地表沉降观测点 D2-1～D2-8。从图 7-100 中可见，离沉箱最近的点 D2-2 沉降最大，沉降量为 −6mm，其余各点沉降变化较小。

(3) 沉箱北侧地表沉降

在沉箱北侧有 6 个地表沉降观测点 D3-1～D3-6。从图 7-101 中可见，离沉箱最近的

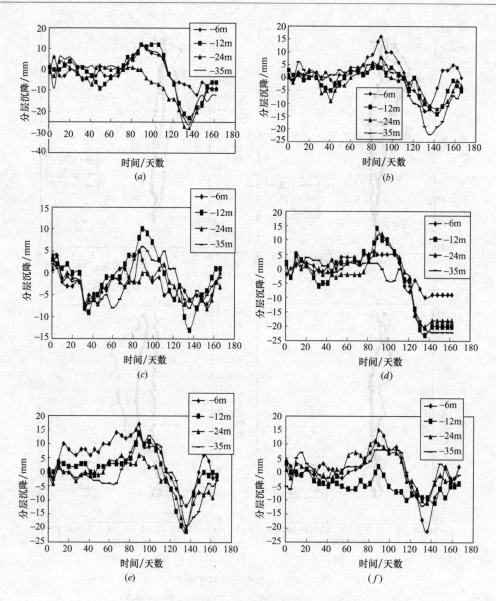

图 7-98 分层沉降实测值
(a) 测孔 C01；(b) 测孔 C1；(c) 测孔 C2；(d) 测孔 C02；(e) 测孔 C3；(f) 测孔 C1

点 D3-2 沉降最大，最大为 −8.6mm。其余各点沉降变化较小。

4）管线沉降

图 7-102～图 7-103 为煤气管线沉降测点在时间和空间上的沉降变化情况。从图上来看各个测点的沉降变化不大，从空间分布上来看，离沉箱最近的 ML3 点沉降最大，最大沉降量为 −3.5mm，因此施工没有对管线的安全产生影响。

5）建筑物沉降

图 7-104～图 7-105 为建筑物沉降测点在时间和空间上的沉降变化情况。从图上来看各个测点的沉降变化不大，从空间分布上来看，离沉箱最近的 J1-1 点沉降最大，最大沉

降量为－7.8mm，因此施工没有对建筑物的安全产生影响。

## 三、计算结果与测试结果比较

刃脚土压力计算结果与测试结果分析。下沉前的刃脚基础进行有限元模拟，采用叠加方法计算 $c$、$\gamma$ 作用下刃脚基础极限承载力。由于在沉箱四角打入 8 根锚桩作为支撑及下沉系统，锚桩同时挤密了沉箱角点周边土体的密实度，因此在下沉前角点

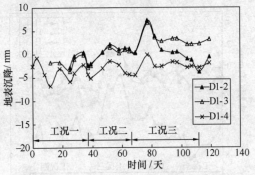

图 7-99　地表沉降随下沉时间的变化图

位置的刃脚基础起主要支撑上部荷载的作用，角点 SP01、SP06 的刃脚土压力实测数据与极限承载力进行对比，对比结果如表 7-18 所示。从表中可见，有限元计算刃脚基础极限承载力为 543.3kPa，实测 SP01 点刃脚土压力为 224kPa，与计算值的比值为 0.41；实测 SP06 点刃脚土压力为 219kPa，与计算值的比值为 0.40。沉箱刃脚反力的大小主要取决于土体的特性、施工工艺等因素，从数值上分析，下沉前刃脚反力在极限承载力中所占比例一般为 40% 左右。

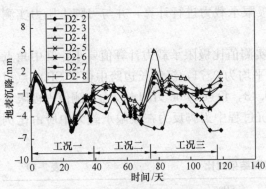

图 7-100　地表沉降随下沉时间的变化图

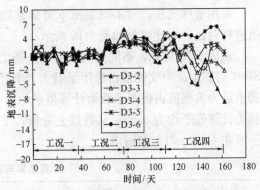

图 7-101　地表沉降随下沉时间的变化图

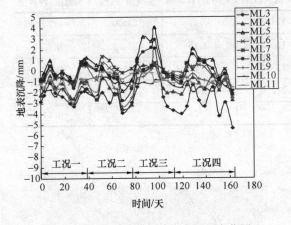

图 7-102　管线沉降随下沉时间的变化图

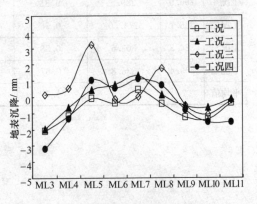

图 7-103　管线沉降在空间上的的变化图

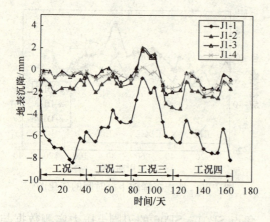 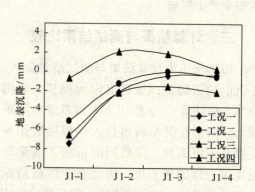

图 7-104　建筑物沉降随时间的变化图　　　　图 7-105　建筑物沉降在空间上的变化图

计算结果与实测结果对比　　　　　　　　　　　　　　　表 7-18

| 有限元计算值（kPa） | SP01 | | SP06 | |
|---|---|---|---|---|
| | 实测值（kPa） | 实测值/计算值 | 实测值（kPa） | 实测值/计算值 |
| 543.3 | 224 | 0.41 | 219 | 0.40 |

采用滑移线法，对不同工况下刃脚基础极限承载力进行计算，并与刃脚土压力实测值进行对比，对比结果如表 7-19 所示。

从表 7-19 可见，不同工况下刃脚土压力实测值比极限承载力计算值要小，其中角点 SP01 刃脚土反力实测值占极限承载力计算值平均为 0.71，沉箱长边跨中位置 SP05 点刃脚土反力实测值占极限承载力计算值平均为 0.43，角点 SP06 刃脚土反力实测值占极限承载力计算值平均为 0.57。从数值上分析，下沉过程中刃脚反力在极限承载力中所占比例一般在 43%～71% 范围内。

计算结果与实测结果对比　　　　　　　　　　　　　　　表 7-19

| 工况 | 计算值（kPa） | SP01 | | SP05 | | SP06 | |
|---|---|---|---|---|---|---|---|
| | | 实测值（kPa） | 实测值/计算值 | 实测值（kPa） | 实测值/计算值 | 实测值（kPa） | 实测值/计算值 |
| 工况一 | 296.9 | 239.5 | 0.81 | 121.1 | 0.41 | 230.0 | 0.77 |
| 工况二 | 358.7 | 274..0 | 0.76 | 160.2 | 0.45 | 234.1 | 0.65 |
| 工况三 | 524.3 | 303.6 | 0.58 | 225.1 | 0.43 | 216.1 | 0.41 |
| 工况四 | 503.4 | 335.8 | 0.67 | 212.9 | 0.42 | 218.8 | 0.43 |
| 平均值 | | | 0.71 | | 0.43 | | 0.57 |

# 附录 工程照片

以上海市轨道交通7号线浦江南浦站—浦江耀华站区间中间风井工程作为工程实例。中间风井主体形式为全埋地下四层钢筋混凝土现浇结构,采用气压沉箱法施工。中间风井平面外包尺寸为25.24m×15.6m,其中刃脚高度为2.5m,底板高度为1.6m,底板以上制作高度为24.912m。由于本工程沉箱总下沉深度达29m,结构地面一次制作到顶施工难度高,因此采取多次制作、多次下沉的施工工艺。沉箱在地面上制作前三节后开始第一次下沉。开始地面制作高度为三节共7.6m,随后进行第一次下沉,以后每接高一节即下沉一次。沉箱总共分为六次制作,四次下沉。气压沉箱结构施工及设备安装照片如下:

## 一、底板及刃脚制作

附图-1 平整场地铺设砂垫层

附图-2 底板下满堂脚手架搭设

附图-3 绑扎底板钢筋

附图-4 刃脚钢筋绑扎

附图-5　底板上预埋人员物料塔、螺旋出土机筒身　　　附图-6　底板上预埋件

## 二、沉箱工作室内作业

附图-7　拆除底板下脚手架

附图-8　凿除砖胎模

附图-9　挖机在工作室内挖土

附图-10　皮带运输机装土

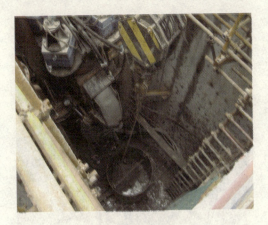
附图-11　螺旋出土机出土

附图-12　吊筒倒土

## 三、支承及压沉系统

附图-13　外挑钢牛腿

附图-14　泄砂孔

附图-15　连接螺栓

附图-16　支承及压沉系统

## 四、设备安装

附图-17 盾构洞口预埋钢板

附图-18 安装塔身接高段

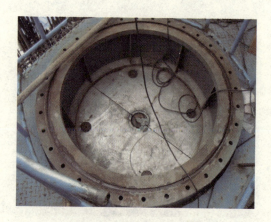

附图-19 气闸门

附图-20 人员出入过渡舱

附图-21 集装箱内移动式减压舱

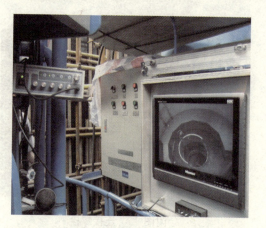

附图-22 移动式减压舱的控制台

附录　工程照片

附图-23　将挖掘臂从预埋管口中吊入

附图-24　遥控挖机的安装

附图-25　吊轨安装

附图-26　在总控制室内的遥控挖机挖土

附图-27　激光扫描仪

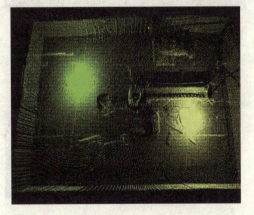

附图-28　气压沉箱内初掘进时的三维成像

附图-29 总控室设备照片（1）

附图-30 总控室设备照片（2）

## 五、沉箱下沉过程

附图-31 前两节结构制作

附图-32 土体回填至地面

附图-33 第一次下沉前

附图-34 下沉过程中

附录　工程照片

附图-35　第一次下沉到位

附图-36　第二次下沉前

附图-37　第三次下沉前

附图-38　第四次下沉前

附图-39　第四次下沉中

附图-40　第四次下沉结束

附图-41　沉箱封底现场（1）

附图-42　沉箱封底现场（2）

## 六、现场监测

附图-43 量测刃脚土压力盒安装位置

附图-44 土压力盒安装完毕

附图-45 混凝土浇注后土压力盒位置

附图-46 现场测试

附图-47 竖向钢筋计对应位置

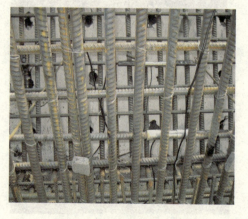

附图-48 安装水平向钢筋计

# 参 考 文 献

[1] Bowles J E. Foundation Analysis and Design [M]. Fifth Edition, New York: McGraw - Hill Book Company, 1988.

[2] Reissner H. Zum Erddruck problem [A]. First International Congress of Applied Mechanics [C]. Delft, 1974: 295-311.

[3] Terzaghi K. Theoretical soil mechanics [M]. New York: John Wiley & Sons, 1943.

[4] Meyerhof G G. The ultimate bearing capacity of footings [J]. Geotechnique. 1951, 2 (4): 301-332.

[5] Hansen B J. A general formula for bearing capacity [J]. Geotechnique. 1961, 11 (5): 38-46.

[6] Vesic A S. Analysis of ultimate loads of shallow foundations [J]. Journal of Soil Mechanics and Foundations Division. 1973, 99 (1): 45-73.

[7] Manoharan N, Drasgupta S P. Bearing capacity of surface footings by finite elements [J]. Computers and Structures. 1995, 54 (4): 563-586.

[8] Erickson H L, Drescher A. Bearing capacity of circular footings [J]. Journal of Geotechnical and Geoenvironmental Engineering. 2002, 128 (1): 38-43.

[9] Egorov K E. Calculation of bed for foundation with ring footing [A]. In Proceedings of the 6th International Conference on Soil Mechanics and Foundation Engineering [C]. A. A. Balkema, Rotterdam, The Netherlands, 1965: 41-45.

[10] Milovic D M. Stresses and displacements produced by a ring foundation [A]. In Proceedings of the 8th International Conference on Soil Mechanics and Foundation Engineering [C]. A. A. Balkema, Rotterdam, The Netherlands, 1973: 167-171.

[11] Boushehrian J H, Hataf N. Experimental and numerical investigation of the bearing capacity of model circular and ring footings on reinforced sand [J], Geotextiles and Geomembranes. 2003, (21): 241-256.

[12] Kumar J, Ghosh P. Bearing capacity factor $N_c$ for ring footings using the method of characteristics [J]. Canadian Geotechnical Journal. 2005, 40 (3): 1474 - 1484.

[13] 张其一. 复合加载模式下地基极限承载力与安定性的理论研究及其数值分析. 博士学位论文 [D]. 大连: 大连理工大学, 2008.

[14] Sokolovskii V V. Statics of soil media [M]. London: Butterworths, 1960.

[15] 谢宗良, 黄贻吉. 松散体（土壤）极限平衡的轴向对称问题 [M]. 北京: 中国建筑工业出版社, 1956.

[16] Chen W F. Limit analysis and soil plasticity [M]. New York: Elsevier Scientific Publishing Co., 1975.

[17] 龚晓南. 土塑性力学 [M]. 浙江: 浙江大学出版社, 1999.

[18] Potts D M, Zdravkovic L. Finite element analysis in geotechnical engineering: theory [M]. London: Thomas Telford, 1999.

[19] 徐中华. 上海地区支护结构与主体地下结构相结合的深基坑变形性状研究. 博士学位论文 [D]. 上海: 上海交通大学, 2007.

[20] ABAQUS 公司, ABAQUS/Standard User's Manual-Version 6. 4 [M]. Pawtucket: Karlsson

and Sorensen, Inc. , 2003

[21] 张凤祥，傅德明，张冠军. 沉井与沉箱 [M]. 北京：中国铁道出版社，2002.

[22] 彭芳乐，孙德新，大内正敏. 日本压气沉箱工法的历史与现状 [J], 岩土工程师. 2003，15 (2)：22-24.

[23] 孙德新，彭芳乐，大内正敏. 压气沉箱工法的几种现代技术及其应用 [J]. 岩土工程师. 2003, 15 (1)：23-26.

[24] 张凤祥，傅德明，张冠军. 沉井沉箱工法最新进展 [J]. 上海隧道. 1999, 36 (2)：42-62.

[25] 彭芳乐，孙德新，大内正敏，白云. 超大深度气压沉箱工法的施工技术 [J]. 地下空间. 2004, 24 (5)：699-703.

[26] 大内正敏，彭芳乐，孙德新. 压气沉箱工法 [J]. 岩土工程师. 2003, 15 (1)：19-22.

[27] 张凤祥，傅德明，张冠军. $N_\gamma$ 值与土质参数的关系 [J]. 上海隧道. 1996, 26 (2)：88-97.

[28] 白石俊多，北涤一郎. 沉箱工法 [M]. 东京：鹿岛出版社，1983.

[29] 邹大庆. 沉箱工法 [J]. 佳木斯大学学报. 2003, 21 (2)：201-203.

[30] Bjerrum L, Eide O. Stability structured excavations in clay [J]. Geotechnique. 1956, 6 (3)：378-396.

[31] 王爱良. 浅析日本沉箱结构设计的特点 [J]. 水运工程. 2003, 353 (6)：22-24.

[32] 房桢. 沉井倾斜纠偏 [J]. 水运工程. 2000, 12 (6)：9-41.

[33] 吴红兵. 软土地层中短刃脚深沉井施工技术处理 [J]. 上海隧道. 1997, 27 (2)：81-84.

[34] 陈晓平，茜平一，张志勇. 沉井基础下沉阻力分布特征研究 [J]. 岩土工程学报. 2005, 27 (2)：148-152.

[35] 张志勇，陈晓平，茜平一. 大型沉井基础下沉阻力的现场监测及结果分析 [J]. 岩石力学与工程学报. 2001, 20 (1)：1000-1005.

[36] 魏岩峰，潘多助. 沉井下沉系数的计算与分析 [J]. 黑龙江水专学报. 2001, 28 (2)：20-21.

[37] 郝育. 日本的一种新型梁基础—地下连续墙沉井 [J]. 国外桥梁. 1990, 12 (2)：20-30.

[38] 俞汉民，黄英. 沉井刃脚外围压浆防渗帷幕 [J]. 特钢技术. 1996, 12 (1)：70-73.

[39] 钱家欢. 土力学 [M]. 南京：河海大学出版社，1988.

[40] Bolton M D, Lau C K. Vertical bearing capacity factors for circular and strip footings on Mohr-Coulomb soil [J]. Canadian Geotechnical Journal. 1993, 30 (4)：1024-1033.

[41] Shield R T. Stress and velocity fields in soil mechanics [J]. Journal of Mathematics and Physics. 1954b, 33 (2)：144-156.

[42] Sarma S K, Iossifelis I S. Seismic bearing capacity factors of shallow strip footings [J]. Geotechnique. 1990; 40 (2)：265-73.

[43] Michalowski R L. An estimate of the influence of soil weight on bearing capacity using limit analysis [J]. Soils and Foundation. 1997, 37 (4)：57-64.

[44] Kumar J, Ghosh P. Determination of $N_\gamma$ for rough circular footing using the method of characteristics [J]. Electronic Journal of Geotechnical Engineering. 2005; 40 (2)：874-889.

[45] 巴特，威尔逊. 有限元分析中的数值方法 [M]. 北京：科学出版社，1985.

[46] 王勖成，邵敏. 有限单元法基本原理与数值方法 [M]. 北京：清华大学出版社，1988.

[47] Liu W K, Belytschko T. An arbitrary lagrangian-Eulerian finite element method for path dependent materials [J]. Computer Method in Applied Mechanics and Engineering. 1986, 58 (3)：227-245

[48] Gadala M S, Wang J. ALE formulation and its application in solid mechanics [J]. Computer Method in Applied Mechanics and Engineering. 1998, 167：33-55

[49] Zhu M, Radoslaw L, Michalowski. Shape factors for limit loads on square and rectangular footings [J]. Journal of Geotechnical and Geoenvironmental Engineering. 2005, 131 (2): 223-231

[50] 孙钧, 侯学渊. 地下结构 [M]. 北京: 科学出版社, 1987.

[51] 周健, 董鹏, 池永. 软土地下结构的地震土压力分析研究 [J]. 岩土力学. 2004, 25 (4): 554-559.

[52] 林利民, 陈健云. 软土中浅埋地铁车站结构的抗震性能分析 [J]. 防灾减灾工程学报. 2006, 26 (3): 268-273.

尊敬的读者：

　　感谢您选购我社图书！建工版图书按图书销售分类在卖场上架，共设22个一级分类及43个二级分类，根据图书销售分类选购建筑类图书会节省您的大量时间。现将建工版图书销售分类及与我社联系方式介绍给您，欢迎随时与我们联系。

★ 建工版图书销售分类表（见下表）。

★ 欢迎登陆中国建筑工业出版社网站www.cabp.com.cn，本网站为您提供建工版图书信息查询、网上留言、购书服务，并邀请您加入网上读者俱乐部。

★ 中国建筑工业出版社总编室　　电　话：010—58934845　　传　真：010—68321361

★ 中国建筑工业出版社发行部　　电　话：010—58933865　　传　真：010—68325420

E-mail：hbw@cabp.com.cn

## 建工版图书销售分类表

| 一级分类名称（代码） | 二级分类名称（代码） | 一级分类名称（代码） | 二级分类名称（代码） |
| --- | --- | --- | --- |
| 建筑学（A） | 建筑历史与理论（A10） | 园林景观（G） | 园林史与园林景观理论（G10） |
| | 建筑设计（A20） | | 园林景观规划与设计（G20） |
| | 建筑技术（A30） | | 环境艺术设计（G30） |
| | 建筑表现·建筑制图（A40） | | 园林景观施工（G40） |
| | 建筑艺术（A50） | | 园林植物与应用（G50） |
| 建筑设备·建筑材料（F） | 暖通空调（F10） | 城乡建设·市政工程·环境工程（B） | 城镇与乡（村）建设（B10） |
| | 建筑给水排水（F20） | | 道路桥梁工程（B20） |
| | 建筑电气与建筑智能化技术（F30） | | 市政给水排水工程（B30） |
| | 建筑节能·建筑防火（F40） | | 市政供热、供燃气工程（B40） |
| | 建筑材料（F50） | | 环境工程（B50） |
| 城市规划·城市设计（P） | 城市史与城市规划理论（P10） | 建筑结构与岩土工程（S） | 建筑结构（S10） |
| | 城市规划与城市设计（P20） | | 岩土工程（S20） |
| 室内设计·装饰装修（D） | 室内设计与表现（D10） | 建筑施工·设备安装技术（C） | 施工技术（C10） |
| | 家具与装饰（D20） | | 设备安装技术（C20） |
| | 装修材料与施工（D30） | | 工程质量与安全（C30） |
| 建筑工程经济与管理（M） | 施工管理（M10） | 房地产开发管理（E） | 房地产开发与经营（E10） |
| | 工程管理（M20） | | 物业管理（E20） |
| | 工程监理（M30） | 辞典·连续出版物（Z） | 辞典（Z10） |
| | 工程经济与造价（M40） | | 连续出版物（Z20） |
| 艺术·设计（K） | 艺术（K10） | 旅游·其他（Q） | 旅游（Q10） |
| | 工业设计（K20） | | 其他（Q20） |
| | 平面设计（K30） | 土木建筑计算机应用系列（J） | |
| 执业资格考试用书（R） | | 法律法规与标准规范单行本（T） | |
| 高校教材（V） | | 法律法规与标准规范汇编/大全（U） | |
| 高职高专教材（X） | | 培训教材（Y） | |
| 中职中专教材（W） | | 电子出版物（H） | |

注：建工版图书销售分类已标注于图书封底。